U0650893

中国生态环境产教融合丛书
职业技能等级认定系列教材

智能水厂运行与调控

（高级）

刘振生　冀广鹏　张　雷　王双吉　　主编
丁文兵　刘同银　马圣昌

中国环境出版集团·北京

图书在版编目（CIP）数据

智能水厂运行与调控. 高级 / 刘振生等主编. -- 北京 ： 中国环境出版集团，2025.5
（中国生态环境产教融合丛书）
职业技能等级认定系列教材
ISBN 978-7-5111-5839-0

Ⅰ．①智… Ⅱ．①刘… Ⅲ．①水厂－运营管理－教材②水厂－调控－教材 Ⅳ．①TU991.6

中国国家版本馆CIP数据核字(2024)第074845号

责任编辑　曹　玮
封面设计　岳　帅

出版发行　**中国环境出版集团**
（100062　北京市东城区广渠门内大街 16 号）
网　　　址：http://www.cesp.com.cn
电子邮箱：bjgl@cesp.com.cn
联系电话：010-67112765（编辑管理部）
　　　　　010-67113412（第二分社）
发行热线：010-67125803，010-67113405（传真）
印　　刷　玖龙（天津）印刷有限公司
经　　销　各地新华书店
版　　次　2025 年 5 月第 1 版
印　　次　2025 年 5 月第 1 次印刷
开　　本　787×1092　1/16
印　　张　11.25
字　　数　230 千字
定　　价　48.00 元

如何高效推动
水厂智慧化升级
以及
Upgrading...
智能化运维？

精进个人能力
扫码提问
快速提升

AI技能培训助手
全天候在线，为您提供专业问题的解答服务。

运行操作准备
1.水厂运行异常报警分为哪三类？
2.企业全面落实有限空间安全管理有哪7项措施？
3.精确曝气系统采用哪两种控制模式？

1.旋流沉砂池提砂系统包括哪些设备？
2.一级处理主要是指去除污水中哪些无机物？
水处理工艺分析

水质指标监测
1.水样在运输过程中有哪些基本要求？
2.使用曲线法定量方法有哪些注意点？

中国生态环境产教融合丛书
编 委 会

《智能水厂运行与调控（高级）》
编委会

主　编　刘振生（北控水务集团有限公司）

冀广鹏（北控水务集团有限公司）

张　雷（北控水务集团有限公司）

王双吉（北控水务集团有限公司）

丁文兵（北控水务集团有限公司）

刘同银（北控水务集团有限公司）

马圣昌（北控水务集团有限公司）

副主编　陈志勇（北控水务集团有限公司）

叶　斌（北控水务集团有限公司）

韦　增（北控水务集团有限公司）

晏　丽（北控水务集团有限公司）

张维宁（北控水务集团有限公司）

朱　蕊（北控水务集团有限公司）

秦建明（北控水务集团有限公司）

刘婧邈（北控水务集团有限公司）

董　超（北控水务集团有限公司）

宗德森（北控水务集团有限公司）

杨　健（长沙环境保护职业技术学院）

张　伟（山东水利职业学院）

乔　鹏（山东水利职业学院）

总　序

2021 年是"十四五"开局之年，我国生态环境产业将继续迎来蓬勃发展的重要机遇期，国家着力建立健全绿色低碳循环发展经济体系，促进经济社会发展全面绿色转型。面对新的发展时期，在"绿水青山就是金山银山"理念和习近平生态文明思想的指引下，水务行业的工作重点将从传统的水资源利用和水污染防治逐渐发展为生态产品价值体现以及环境资源贡献。

随着生态环境产业的迅速发展，水务行业对技术创新力的要求不断提高，市场竞争中行业人才供给有着非常大的缺口，而"产教融合"正是解决这一"缺口"的有效途径。企业通过与高校开展校企合作，联合招生，共同培养水务人才；企业专家和高校教师共同制定培养方案并开发教材，将污水处理厂作为学生的实习基地；企业专家担任高校授课教师，从而将对岗位能力的实际需求全方位地融入学生的培养过程。

2017 年，《关于深化产教融合的若干意见》印发，鼓励企业发挥重要主体作用，深化引企入教，促进企业需求融入人才培养环节，培养大批高素质创新人才和技术技能人才；2019 年，《国家产教融合建设试点实施方案》再次强调，企业应通过校企合作等方式构建规范化的技术课程、实习实训和技能评价标准体系，在教学改革中发挥重要主体作用，在提升技术技能人才和创新创业人才培养质量上发挥示范引领作用；2021 年，《中华人民共和国国民经济和社会发展第十四个五年规划和 2035 年远景目标纲要》提出，建设高质量教育体系，推行"学历证书+职业技能等级证书"制度，深化产教融合、校企合作，鼓励企业举办高质量职业技术教育，实施现代职业技术教育质量提升计划，建设一批高水平职业技术院校和专业。

北控水务集团有限公司是国内水资源循环利用和水生态环境保护行业的旗舰企业，集产业投资、设计、建设、运营、技术服务与资本运作于一体。近年来，在国家政策导向和企业发展战略的双重驱动下，北控水务集团有限公司在多年实践经验的基础上，进一步推动在产教融合领域的积极探索，把握（现代）产业学院建设、1+X 证书制度试点建设、"双师型"教师队伍建设、公共实训基地共建共享等重大政策机遇，围绕产教融合"大平台+"建设规划开展了一系列实践项目，并取得了显著成果。北控水务集团有限公司希望通过践行产教融合战略，推动行业人才培养和技术进步，为水务行业的持续发展提供有力的支持和帮助。

"中国生态环境产教融合丛书"（以下简称丛书）主要涉及智慧水务管理、职业技能等级标准、大学生创新创业、实习培训基地等，聚焦生态环境领域人才培养，采用校企双元合作的教材开发模式和内容及时更新的教材编修机制，深度对接行业企业标准，落实"书证融通"相关要求，同时适应"互联网+"发展需求，加强与虚拟仿真软件平台的结合，重视对学生实操能力的培养。

由于丛书内容涉及多学科领域，且受编者水平所限，难免有遗漏和不足之处，敬请读者不吝指正。

北控水务集团有限公司轮值执行总裁

生态环境职业教育教学指导委员会副秘书长

2021 年 12 月

前　言

党的二十大报告指出，教育、科技、人才是全面建设社会主义现代化国家的基础性、战略性支撑。要推动战略性新兴产业融合集群发展，构建新一代信息技术、人工智能、高端装备、绿色环保等新的增长引擎；协同推进降碳、减污、扩绿、增长，推进生态优先、节约集约、绿色低碳发展；实施科教兴国战略、创新驱动发展战略，推进职普融通、产教融合、科教融汇。

我国智慧水务建设正处于由自动化、信息化向智慧化迈进的过程中，物联网、云计算、智能传感等新一代信息技术正快速渗透至水务行业，推动企业的生产效率和管理水平显著提升。本套教材采用校企深度合作模式，由北控水务集团北水教育中心主导，会同河北环境工程学院、长沙环境保护职业技术学院、山东水利职业学院、广东环境保护工程职业学院共同编写完成。结合先进的智能化水厂运维技术，以企业需求为导向，参照智能水厂运行与调控职业技能等级标准，将院校教学实训、企业人才需求、职业技能证书相融合开发而成。

本套教材是以北控水务集团组团式智能水厂为样板，提炼水厂运行、巡检、维护及水质检测等常用技能，与职业院校讲授的水处理工艺、自动控制、信息技术、机电、仪表等专业知识相衔接，以任务型技能讲授和实操培训为主，理论与实践相结合而开发的新形态教材。本套教材既适用于职业院校水处理工艺、水质检测、自控仪表、机电等相关专业学生的职业技能培训，也适用于水务企业一线员工岗位技能培训。

　　本套教材分为初级、中级、高级 3 册，分别对应"智能水厂运行与调控职业技能等级标准"初级、中级、高级 3 个职业技能等级。在初级、中级教材基础上，通过高级教材的学习和实训，学员可掌握智能水厂集控系统和运维平台运行管理基本功能，掌握水厂提升系统、鼓风曝气系统、沉淀系统、加药系统、滤池过滤系统等主要工艺单元经济运行方法与调控技能，掌握智能水厂生产运行岗位基本技能。

　　《智能水厂运行与调控（高级）》包括水处理工艺自动运行与调控、集中控制系统运行分析与调度、设备自动高效运行调控和现场巡检与调控 4 个项目，含 13 个任务、52 个技能。由刘振生、王双吉、张雷、丁文兵、刘同银、马圣昌等（北控水务集团）资深专家和张伟（山东水利职业学院）、夏志新（广东环境保护工程职业学院）、杨健（长沙环境保护职业技术学院）、董冰（河北环境工程学院）等优秀教师共同编写，冀广鹏、董超、宗德森等领导对教材编写给予了评审指导。

　　在本书编写过程中，北控水务集团智能水厂工艺、设备、自动控制专家和各参编院校一线老师给予了大力支持，提供了大量实用规程和技能培训案例，在此一并致以衷心的感谢。由于编者水平有限，编写经验不足，书中难免存在纰漏和错误，欢迎读者批评指正。如在教材使用中有疑问或者需要提供相应配套课件，请发送需求至邮箱 edu@bewg.net.cn，编者将及时回复。

编　者
2024 年 9 月

目　录

扫码提问
AI技能培训助手
▌运行操作准备
▌水处理工艺
▌水质指标监测

水处理工艺自动运行与调控

学习目标

一、知识目标

掌握污水处理主要工艺单元自动运行功能和控制方式；掌握主要工艺单元自控系统运行参数设置和调控方法；熟悉主要工艺单元自动控制异常原因分析。

二、技能目标

掌握污水处理主要工艺单元的自动运行操作、状态分析和指标控制，具备工艺运行值班、自动化过程调配和参数优化基本能力。

项目综述

本项目包括 4 项工作任务，分别是预处理系统自动运行与调控、生化系统自动运行与调控、沉淀系统自动运行与调控、过滤系统自动运行与调控。

任务 1　预处理系统自动运行与调控

📈 任务目标

（1）熟悉粗格栅、细格栅自动控制功能，掌握粗格栅、细格栅自动运行模式转换，能够调整自动控制参数；

（2）熟悉进水提升系统自动运行功能，掌握进水提升系统自动运行模式转换，能够调整自动控制参数；

（3）熟悉曝气沉砂池自动控制功能，掌握曝气沉砂池自动运行模式转换，能够调整自动控制参数；

（4）熟悉旋流沉砂池自动控制功能，掌握旋流沉砂池自动运行模式转换，能够调整自动控制参数。

✏️ 基础知识

污水处理厂预处理系统主要包括粗格栅、提升泵、细格栅及除砂设施等工艺单元，污水处理厂自控系统上位机预处理监控画面如图 1-1 所示，其中：

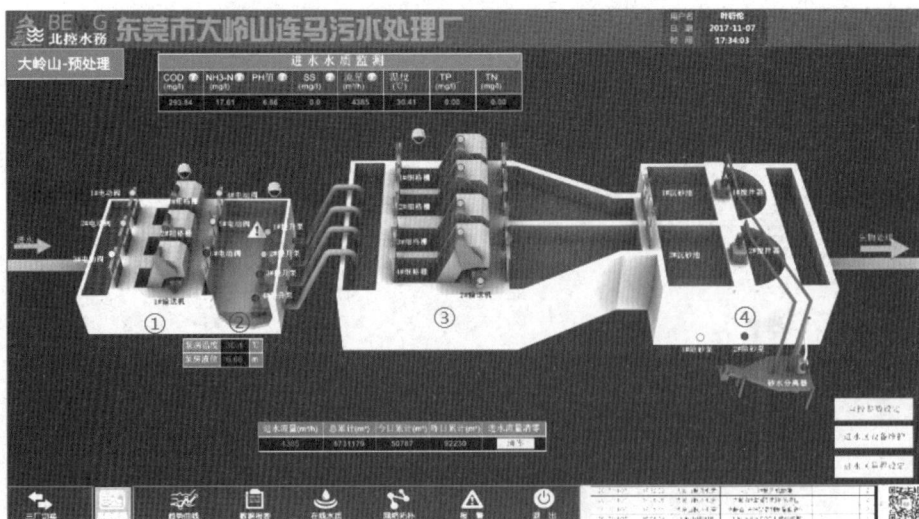

图 1-1　预处理工艺监控画面

（1）粗格栅拦截除渣系统。主要包括粗格栅机、栅渣输送装置、液位差计等。

（2）进水提升系统。主要包括提升泵、电动阀、液位计等。

（3）细格栅拦截除渣系统。主要包括细格栅机、栅渣输送装置、清洗装置、液位差计等。

（4）除砂系统。大多采用曝气沉砂系统或旋流除砂系统，主要包括除砂机、鼓风机、砂水分离机等。

任务实施

子任务 1.1　格栅自动控制功能和自动运行方式

一、任务概述

熟悉污水处理厂预处理单元粗格栅、细格栅自动控制功能和自动运行方式，熟练掌握格栅系统"远程自动"运行模式下上位机操作与自控参数设定。

二、准备工作

1．知识准备

（1）熟悉格栅及附属设备的运行方式和控制逻辑；

（2）熟悉格栅及附属设备的电控线路和电控操作。

2．实训场地

（1）远程控制：中控室；

（2）手动控制：设备安装现场。

3．实训设备

（1）中控室上位机；

（2）现场格栅系统。

4．安全事项

污水处理厂内实训操作须由中控运行值班人员指挥，确保安全和协同到位。

三、方法步骤

1．粗格栅控制方式

粗格栅控制系统有"就地"和"远程"两种操作模式。当格栅处于"就地"模式，操作人员手动操作现场控制箱上的按钮实现设备启停；在"远程"模式下有两种子模式："远程手动"和"远程自动"。

粗格栅处于"远程手动"模式时，操作人员通过中控室上位机操作界面对设备进行启停控制。

粗格栅处于"远程自动"模式时，由控制系统自动控制逻辑执行控制，自动控制逻辑常用"液位差控制模式"与"时间控制模式"二者之一或二者相结合的方式实现设备自动启停。另外，为应对异常情况及突发事件，粗格栅控制系统还设有"应急模式"及"暴雨模式"，如图 1.1-1 所示。

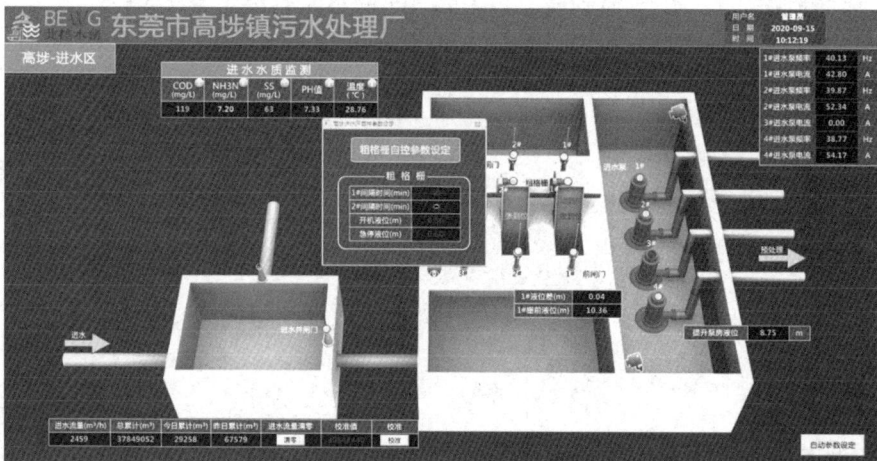

图 1.1-1　粗格栅运行监控画面

（1）液位差控制模式。

该模式下控制系统（以下简称系统）会根据超声波液位计（或液位差计）测量的粗格栅前后液位差控制粗格栅的启停。当液位差超过液位差上限设定值 $\Delta H1$（通常设置为 0.3 m，可调整）时，系统将自动启动粗格栅机运行，同时启动皮带输送机输送栅渣，直至液位差低于液位差下限设定值 $\Delta H2$（通常设置为 0.1 m，可调整），系统将自动停止粗格栅运行。格栅机停止后，皮带传送机需要继续运行一定的时间，待栅渣全部输送完毕后方可停止。如果粗格栅启动后，液位差数值继续增加或长时间保持不变，系统将输出报警信号，并在上位机操作界面弹出现场视频，同时向值班人员及管理人员手机移动端

App 推送报警消息。

（2）时间周期控制模式。

粗格栅将根据程序设定的启停时间周期进行间歇运行。在粗格栅前后液位差不超过设定值 $\Delta H1$ 的前提下（如果液位差超过设定值 $\Delta H1$，优先按照液位差控制逻辑启停粗格栅），系统将记录粗格栅停止时间，当粗格栅停止时间到达停止周期设定值 $T10$（通常设置为 2 h，可调整），将自动启动粗格栅运行，同时开始记录粗格栅运行时间，并将粗格栅停止时间清零。粗格栅启动后到达运行周期设定值 $T11$（通常设置为 10 min，可调整），自动停止粗格栅运行，开始记录粗格栅停止时间，同时将粗格栅运行时间清零。

（3）应急控制模式。

当粗格栅前后液位差超过应急设定值 $\Delta H3$（通常设置为 0.5 m，可调整），系统将立即停止粗格栅运行，同时停止提升泵（提升泵此时需处于"远程自动"模式）运行，并在上位机操作界面弹出现场视频，同时向值班人员及管理人员手机移动端 App 推送报警消息。

（4）暴雨控制模式。

暴雨模式下，系统将控制粗格栅连续运行，直至暴雨模式被解除。

2. 细格栅控制方式

细格栅控制系统有"就地"和"远程"两种操作模式。当格栅处于"就地"模式，操作人员手动操作现场控制箱上的按钮实现设备启停；在"远程"模式下有两种子模式："远程手动"和"远程自动"。细格栅处于"远程手动"模式时，操作人员通过中控室上位机操作界面对设备进行启停控制；细格栅处于"远程自动"模式时，采用液位差控制与时间控制相结合的方式实现设备自动启停；针对异常情况及突发事件，细格栅控制系统还设有"应急模式"，如图 1.1-2 所示。

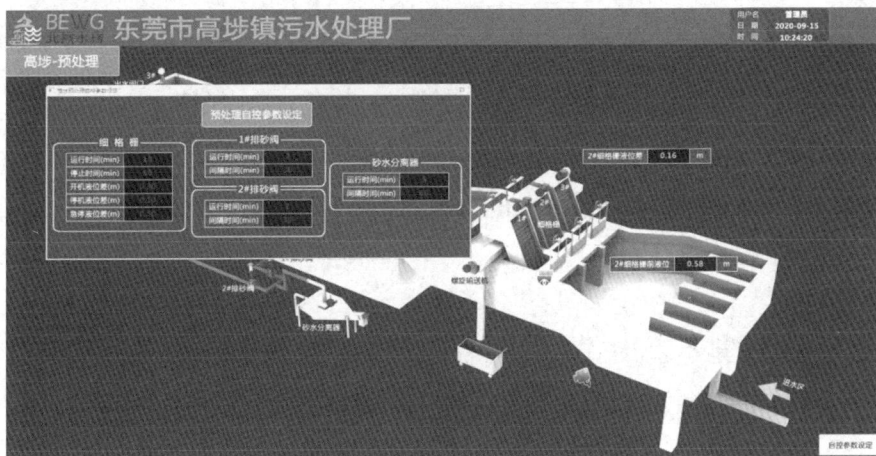

图 1.1-2　细格栅运行监控界面

细格栅控制系统的几种运行控制模式及联锁控制注意事项与粗格栅控制系统相同，具体内容详见"1. 粗格栅控制方式"。

四、注意事项

（1）格栅控制模式的优先级由高至低依次为暴雨控制模式、应急控制模式、液位差控制模式、时间控制模式。

（2）当粗格栅启动时，皮带输送机将同时启动。当粗格栅停止时，皮带输送机将继续运行延时设定时间 $T12$（通常设置为 3 min，可调整）后停止运行。

（3）操作人员在上位机界面设置"远程自动"模式前必须确认粗格栅及皮带输送机均处于完好状态，且需在上位机设置界面确认：①设定值 $\Delta H3 > \Delta H1 > \Delta H2$；②任意两个设定值之差必须大于 0.1 m，否则设定参数无效，系统将弹出提示信息。

子任务 1.2　进水提升系统自动运行功能和自动运行方式

一、任务概述

熟悉污水处理厂进水提升系统自动控制功能和自动运行方式，熟练掌握提升系统"远程自动"运行模式下上位机操作与自控参数设定。

二、准备工作

1. 知识准备

（1）熟悉提升泵的运行方式和控制逻辑；

（2）熟悉提升泵电控线路和电控操作；

（3）熟悉变频提升泵的运行控制。

2. 实训场地

（1）远程控制：中控室；

（2）手动控制：设备安装现场。

3．实训设备

（1）中控室上位机系统；

（2）现场进水提升泵及相关设备。

4．安全事项

（1）关注泵坑液位，防止高水位溢流和低水位停泵；

（2）自控参数设定须经运行值班人员审核通过。

三、方法步骤

1．提升系统监控画面

进水提升系统位于粗格栅之后、细格栅之前，负责将进水管网汇集的污水提升至后续工艺环节。进水提升系统由多台水泵组成，根据水量需求编组运行。监控画面如图 1.2-1、图 1.2-2 所示。

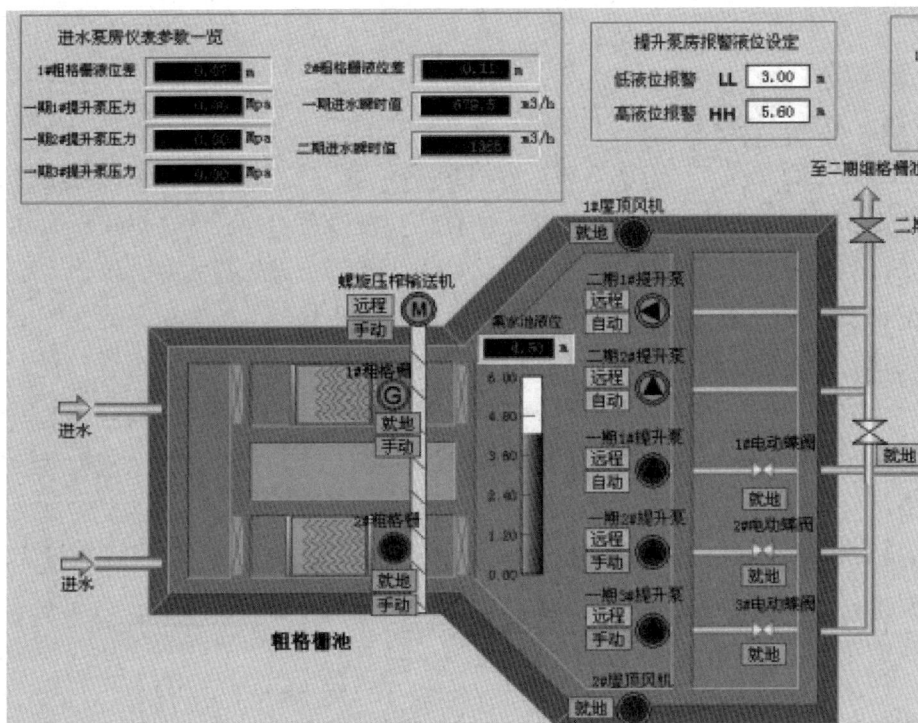

图 1.2-1　进水提升系统监控画面

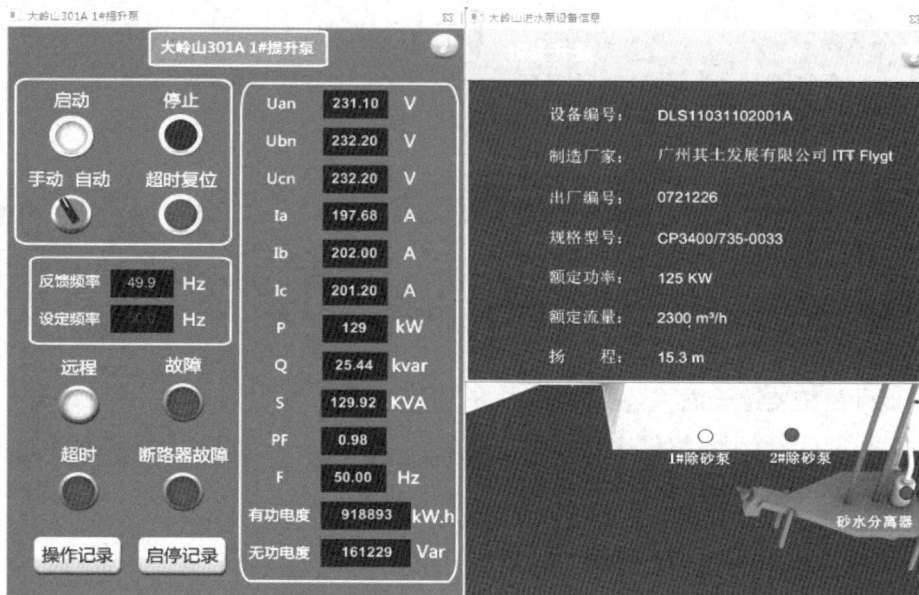

图 1.2-2　进水提升泵操作窗

2. 进水提升系统控制方式

进水提升控制系统有"就地"和"远程"两种操作模式。当提升泵组处于"就地"模式时，操作人员手动操作现场控制箱上的按钮实现设备启停；在"远程"模式下有两种子模式："远程手动"和"远程自动"。处于"远程手动"模式时，操作人员通过中控室上位机操作界面对水泵进行启停控制；处于"远程自动"模式时，分为"恒水位"运行模式和"恒流量"运行模式。

（1）"恒水位"运行模式。当水量少时，系统将根据泵前液位计信号自动控制水泵运行。当泵前液位升至液位上限设定值 $H1$，系统将启动 1 台水泵，如果液位继续升至液位上限设定值 $H2$ 时，系统将再增加 1 台水泵投入运行。如果进水泵房液位降至液位下限设定值 $H4$ 时，系统将停止 1 台水泵运行，依次类推，直至泵前液位稳定于目标区间内。具体示例参见表 1.2-1。

表 1.2-1　大岭山连马污水处理厂进水提升泵恒液位控制表

水泵 标高	4 台泵全关	1 台泵开启	2 台泵开启	3 台泵开启
泵前集水井 启泵液位	$H7$ （−4.5 m，可调整）	$H1$ （−4.1 m，可调整）	$H2$ （−3.7 m，可调整）	$H3$ （−3.3 m，可调整）

水泵 标高		3 台泵关闭	2 台泵关闭	1 台泵关闭
泵前集水井 停泵液位		$H4$ （−4.3 m，可调整）	$H5$ （−3.9 m，可调整）	$H6$ （−3.5 m，可调整）
泵前集水井液位 高限报警	$H9$（−2 m，与整个系统工况有关，需根据整个系统不同阶段具体运行情况 进行相应调整）			
泵前集水井 水泵干运行保护液位	$H8$（−4.8 m，由水泵厂家提供）			
$H9>H3>H6>H2>H5>H1>H4>H7>H8$	差值≥0.2，否则设定无效，发出提示			

（2）"恒流量"运行模式。当水量大时，系统将结合泵前液位计信号和进水泵流量计信号调配泵组运行，以达到流量平稳的控制目标。首先，将泵前液位划分为几个区间，例如，低于 6 m 为区间一，6～6.5 m 为区间二，高于 6.5 m 为区间三；其次，每个液位区间可设置 1～2 个目标流量设定值，例如，在泵前液位处于区间三时，流量设定值 $Q1$ 为 4 200～4 300 m³/h，流量设定值 $Q2$ 为 4 500～4 600 m³/h；实际运行中，系统根据实际液位区间以及采用的流量设定值，投入不同的水泵组合。具体示例见表 1.2-2。

表 1.2-2　大岭山连马污水处理厂进水提升泵组水量控制表

序号	泵房 液位	提升泵组合								处理水量
		1#（满频率开启） 2600		2#1600		3#1500		4#1500		
		开启 情况	功率	开启 情况	功率	开启 情况	功率	开启 情况	功率	
1	≥6.5 m	√	125 kW	√	55 kW	×	—	×	—	4 200～ 4 300 m³/h
		√	125 kW	×	—	√	75 kW	×	—	
		√	125 kW	×	—	×	—	√	75 kW	
		×	—	√	55 kW	√	75 kW	√	75 kW	4 500～ 4 600 m³/h
2	6.0～ 6.5 m	√	125 kW	√	55 kW	×	—	×	—	3 900～ 4 000 m³/h
		√	125 kW	×	—	√	75 kW	×	—	
		√	125 kW	×	—	×	—	√	75 kW	
		×	—	√	55 kW	√	75 kW	√	75 kW	4 200～ 4 300 m³/h
3	<6.0 m	√	125 kW	√	55 kW	×	—	×	—	<3 900 m³/h
		√	125 kW	×	—	√	75 kW	×	—	
		√	125 kW	×	—	×	—	√	75 kW	
		×	—	√	55 kW	√	75 kW	√	75 kW	<4 200 m³/h

进水提升泵上位机液位限值参数设置如图 1.2-3 所示。

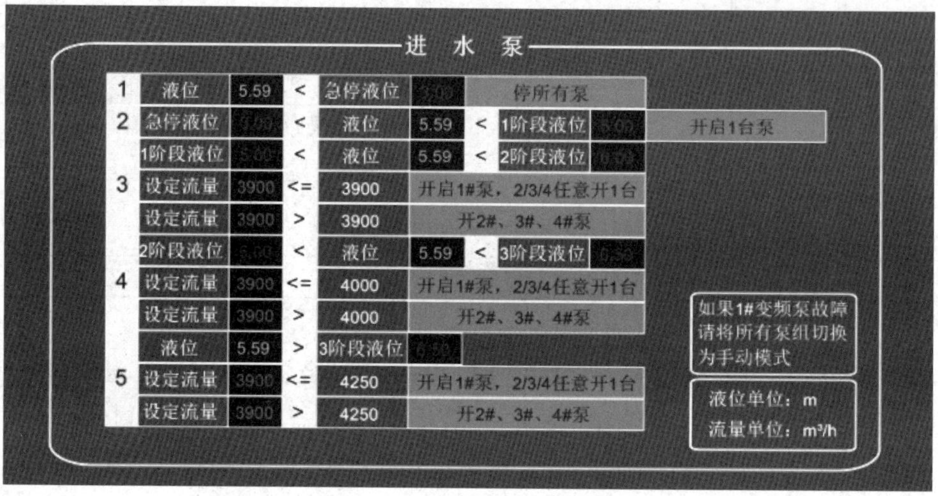

图 1.2-3　进水提升泵控制参数设置界面

四、注意事项

（1）水泵启动优先级：系统将实时记录每台水泵的运行时间，除必须运行的变频泵外，每次总是先启动累计运行时间最短的 1 台水泵；而每次总是先停止累计运行时间最长的 1 台水泵，以使得每台水泵的累计运行时间基本趋于相等。

（2）变频水泵调节：恒水位模式时，水泵频率根据液位自动调节。恒流量模式时，水泵频率根据流量自动调节。

（3）每小时最大启停次数：远控自动方式时，泵两次启动间隔时间不得小于 15 min，且同一台泵 1 h 内启停次数≤4 次。出现突发故障时可退出自动方式，手动停泵。

（4）泵房液位上下限保护：自动方式下，泵前液位设定最低保护液位 $H8$，低于保护液位时所有泵全部停止，设定最高保护液位 $H9$，高于保护液位时，触发中控上位机报警并弹出视频，同时向值班人员及管理人员手机 App 推送报警消息。

（5）浪涌现象：由于停泵或启泵时会出现浪涌现象，此时的液位为非正常值，为避免水泵误动作，系统程序中设定每次水泵启停状态变化后 $T1$ 时间内（如 2 min）不再进行泵的启停操作。

（6）低液位浮球保护：泵前井内安装低液位保护浮球，并进行电气联锁。当泵前液位低于浮球位置时，所有水泵控制回路会断开，水泵停止运行，且浮球复位前水泵无法启动。

子任务 1.3　曝气沉砂池自动控制功能和自动运行方式

一、任务概述

　　熟悉污水处理厂预处理单元曝气沉砂池自动控制功能和自动运行方式，熟练掌握曝气沉砂系统"远程自动"运行模式下上位机操作与自控参数设定。

二、准备工作

1．知识准备

（1）熟悉曝气沉砂系统设备构成、运行方式和控制逻辑；

（2）熟悉曝气沉砂系统设备电控线路和电控操作。

2．实训场地

（1）远程控制：中控室；

（2）手动控制：设备安装现场。

3．实训设备

（1）中控室上位机系统；

（2）现场曝气沉砂系统设备。

4．安全事项

（1）实训前现场检查曝气除砂系统各设备自动开停是否正常；

（2）检查排砂桥、鼓风机、砂水分离器等各设备限位和联锁是否正常。

三、方法步骤

1．曝气沉砂系统控制方式

　　污水处理厂平流式曝气沉砂池通过风机曝气清洗水中砂粒并汇集到沉砂槽中；利用桥式吸砂机将沉降在池底的砂子、煤渣等重度较大的颗粒和污水的混合液提升并输送至集水渠，排放到砂水分离器，实现砂水分离，如图 1.3-1 所示。

　　（1）曝气沉砂池系统有"就地"和"远程"两种操作模式。当除砂系统处于"就地"模式，操作人员手动操作现场控制箱上的按钮实现设备启停；在"远程"模式下有两种控制模式："远程手动"和"远程自动"。

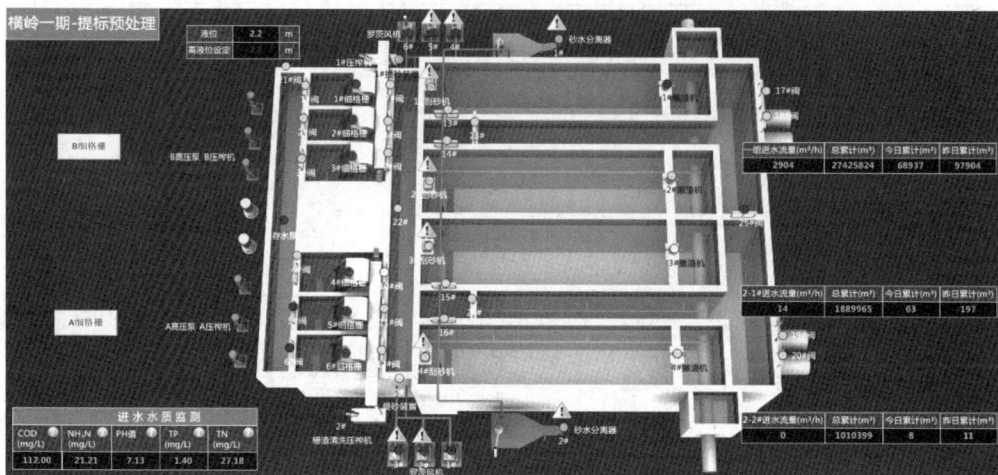

图 1.3-1   曝气沉砂池运行监控界面

除砂系统处于"远程手动"模式时，操作人员通过中控室上位机操作界面对设备进行启停控制；除砂系统处于"远程自动"模式时，采用时间控制模式实现除砂系统间歇运行。

（2）桥式吸砂机自动运行。安装于曝气沉砂池顶的钢轨上根据设定的运行周期自动往返运行，将池底部砂水混合液通过气提装置或吸砂泵提升至集水渠。当顺水流行驶时，撇渣耙下降收集浮渣并送至池末端的渣槽；反向行驶时，撇渣耙提升，离开液面以防浮渣逆行（亦可根据工艺要求，反向撇渣）。

（3）砂水分离器自动运行。砂水分离器与砂水气提装置或吸砂泵联动运行。

（4）曝气风机自动运行。根据进水流量自动调整风机气量，气水比控制在 0.1～0.3。

四、注意事项

（1）应根据砂量的变化，合理安排排砂次数，保证及时排砂。排砂次数过多，会使排砂含水率太大，或因不必要操作增加运行费用；排砂次数过少，会造成积砂，增加排砂难度，甚至损坏沉砂池系统设备。

（2）曝气沉砂池根据池组的设置与进水量变化，调节沉砂池进水闸阀，保持沉砂池污水设计进水流速。曝气沉砂池在运行中，不得随意停止供气。曝气沉砂池的空气量，应根据水量的变化进行调节。

（3）定期检查池两端的限位开关动作情况，防止桥式吸砂机到池端不停止，损坏驱动机构。

子任务 1.4　旋流沉砂池自动控制功能和自动运行方式

一、任务概述

熟悉污水处理厂预处理单元旋流沉砂池自动控制功能和自动运行方式，熟练掌握旋流沉砂系统"远程自动"运行模式下上位机操作与自控参数设定。

二、准备工作

1. 知识准备

（1）熟悉旋流沉砂系统设备构成、运行方式和控制逻辑；

（2）熟悉旋流沉砂系统设备电控线路和电控操作。

2. 实训场地

（1）远程控制：中控室；

（2）手动控制：设备安装现场。

3. 实训设备

（1）中控室上位机系统；

（2）现场旋流沉砂设备。

三、方法步骤

1. 旋流沉砂系统控制方式

旋流沉砂池利用搅拌器形成的旋流加速污水中砂粒沉降，让水中有机物与砂粒有效地分离，同时将池底的砂粒以螺旋状轨迹向中心砂斗移动，经气提装置将砂水混合物提升输送至砂水分离器进行砂水分离后，砂粒掉落至集砂小车中，污水则回流至粗格栅前。旋流沉砂池除砂系统主要设备包括立式搅拌器、风机、提砂装置、砂水分离器等，如图1.4-1所示。

（1）旋流沉砂池除砂系统有"就地"和"远程"两种操作模式。当除砂系统处于"就地"模式，操作人员手动操作现场控制箱上的按钮实现设备启停；在"远程"模式下有两种子模式："远程手动"和"远程自动"。除砂系统处于"远程手动"模式时，操作人员通过中控室上位机操作界面对设备进行启停控制；除砂系统处于"远程自动"模式时，采用时间控制模式实现除砂系统间歇运行。

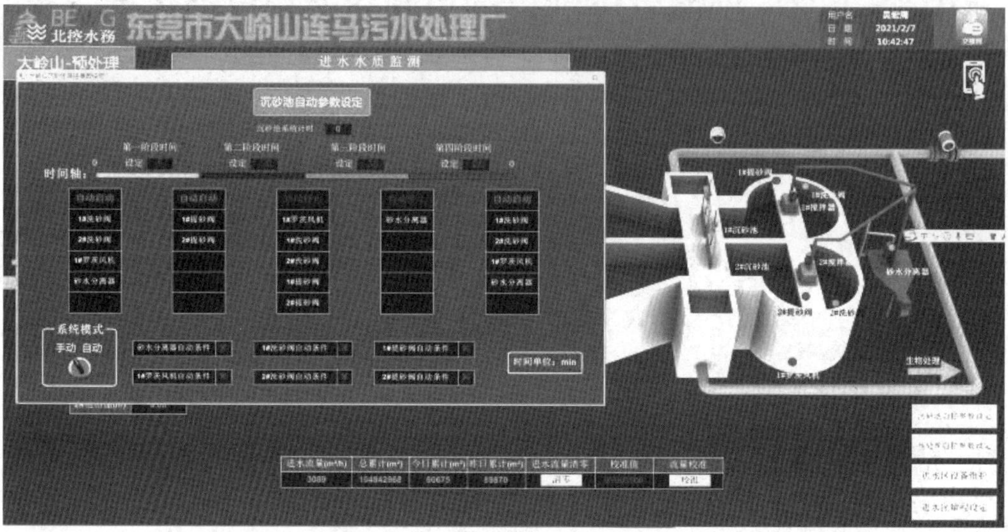

图 1.4-1　旋流沉砂池运行监控画面

（2）旋流沉砂系统自动运行：搅拌器保持 24 h 连续运转。除砂循环开始，首先启动罗茨鼓风机，同时启动空气管冲洗电磁阀，延时 2 min 后关闭空气管冲洗电磁阀，并启动提砂管电磁阀进行提砂，延时 1 min 后关闭罗茨鼓风机及提砂管电磁阀，延时 2 min 后启动砂水分离器，延时 30 s 后启动螺旋输送机。砂水分离器启动运行 10 min 后，停止砂水分离器及螺旋输送机运行，至此一个除砂循环结束。

自动模式下，旋流沉砂系统按照各设备设定的运行周期、停止周期、延时启动时间、延时关闭时间等参数实现自动运行。

四、注意事项

（1）旋流沉砂池控制参数的设置应根据砂量的变化及时调整，合理安排每日排砂次数，保证及时排砂。排砂次数过多，会使排砂含水率太大，且增加运行费用；排砂次数过少，会造成积砂，增加排砂难度，甚至损坏沉砂池系统设备。

（2）在旋流除砂系统有故障的情况下，可关闭对应沉砂池的进水闸门，开启细格栅至后续工艺构筑物（初沉池或生化池）的超越闸门。

任务小结

通过本任务学习和实训熟悉预处理工艺单元各系统自动控制功能、自动运行模式转换，会调整自动控制参数，具备预处理自动运行监控和控制参数设置的基本能力。

任务练习

（1）格栅远程自动模式有几种？分别是什么？

（2）简述格栅液位差控制模式自动运行逻辑。

（3）简述进水提升系统"恒水位"模式自动运行逻辑。

（4）简述曝气沉砂系统桥式吸砂机自动运行逻辑。

（5）旋流沉砂池系统自动运行前要设置哪几个控制参数？

任务 2　生化系统自动运行与调控

📊 任务目标

（1）熟悉生化系统自动运行参数调整的方法，掌握生化池推流器、潜水搅拌器、内外回流泵的控制方式和溶解氧-空气阀门-鼓风机联动控制方式；

（2）熟悉根据活性污泥生长因素调控自动运行指标，重点学习和掌握生化池精确曝气控制方式和鼓风机的控制方法；

（3）了解生化池自动运行异常现象，并根据异常现象分析发生故障的原因，掌握悬浮类鼓风设备的故障原因和解决方法；

（4）学会通过集控系统数据、曲线、报表分析生化系统运行状态，通过趋势曲线分析，判断生化系统的工艺运行效果。

✏️ 基础知识

A^2/O 工艺是一种活性污泥法处理工艺，在污水处理行业应用广泛，本任务以 A^2/O 工艺为例，介绍生化系统的自动运行与调控知识，该工艺的特点是在去除有机污染物的同时能够实现生物脱氮与生物除磷功能。处理单元主要由生化池及与之配套的鼓风曝气系统和二沉池及污泥回流系统组成。A^2/O 工艺生物反应池运行监控界面如图 2-1 所示。

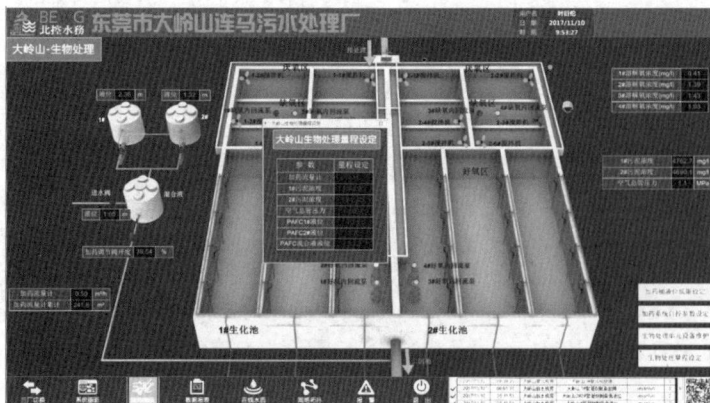

图 2-1　A^2/O 工艺生物反应池运行监控界面

一组 A^2/O 工艺生物反应池一般由厌氧段、缺氧段、好氧段组成。污水在厌氧段及缺氧段通过搅拌、推流与池体内活性污泥充分混合后进入好氧段。好氧段又称曝气反应段，鼓风机输送的压缩空气通过好氧段池底微孔曝气器（主要形式有盘式曝气器与管式曝气器），形成许多微小气泡扩散至整个好氧段，使微生物菌群同污染物在良好的充氧环境下发生反应。好氧段末端出水一部分进入后续工艺单元（二沉池），另一部分通过内回流泵返回缺氧段前端。

任务实施

子任务 2.1　生化系统自动运行参数调整

一、任务概述

通过学习生化池溶解氧-空气阀门-鼓风机联动控制方式，熟悉污水处理厂生化系统的自动运行参数调整的方法。

二、准备工作

1. 知识准备

（1）熟悉生化池各单元溶解氧控制对生物活性的影响；

（2）熟悉生化池溶解氧、曝气风量、阀门开度之间的相互关系。

2. 实训场地

（1）远程控制：中控室；

（2）就地控制：设备安装现场。

3. 实训设备

（1）中控室上位机；

（2）生化池鼓风曝气系统。

4. 安全事项

生化段设备的启动应充分检查现场设备是否处于正常待机状态，如鼓风设备的开启，应充分避免风机出现喘振现象。

三、方法步骤

1. 生化池溶解氧-空气阀门-鼓风机联动控制方式

溶解氧（DO）是生化池污染物去除的关键控制指标，其控制效果关系着出水水质是否稳定达标，曝气量控制是否合理，也是鼓风曝气系统实现节能降耗的关键控制指标，如图 2.1-1 所示。

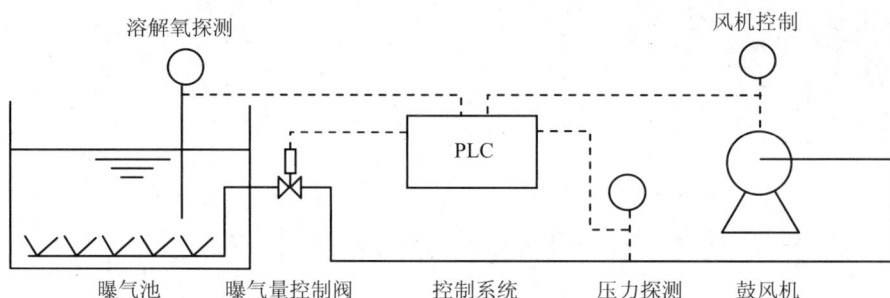

图 2.1-1　鼓风曝气系统控制原理

鼓风曝气控制系统采用 DO 及气体流量作为控制信号，通过鼓风机总曝气量（气水比）和各曝气段曝气量的设定值以及阀门的实时开度控制来优化控制整个曝气系统，并通过 SCADA/DCS 系统，最终达到稳定精确地控制生化池各区溶解氧，同时完成 DO 目标值的自动追踪（DO 优化设定值在 ±0.3 mg/L 范围内），使生化池各反应段高效稳定达标运行，并达到节能降耗运行的效果。

鼓风曝气控制系统包括以模型运算为基础的支管空气量、空气调节阀、鼓风机总风量计算模块、后备逻辑安全模块以及 DO、NH_3-N 等在线水质监测仪表、电动阀门、热式空气流量计等，共同协作完成生化池的全自动曝气控制。

为了保障控制系统对于特定污水厂的匹配性，系统还通过微生物活性测试仪定时定量检测污水厂活性污泥性状，作为决策计算的起始计算数据。控制系统上位机监控画面提供空气流量/阀门开度设定值切换，可以选择采用系统计算得到的空气流量/阀门开度设定值或手动输入设定值。控制系统具备完善的后备逻辑控制，针对不同设备可能出现的故障进行自动切换并及时报警，确保系统运行的不间断性。

2. 生化池 DO 的调整

在工程设计中，可以按照推流曝气过程把曝气池分成几个区段（此处假设分为 3 个区段），在进水端和每个区段的末端设置溶解氧传感器，取相邻两个传感器检测值的平均值作为该段的 DO 值。在曝气池中对每个区段事先设定 DO 控制值，例如，设定 I 段为 1.5 mg/L，Ⅱ段为 2.0 mg/L，Ⅲ段为 2.5 mg/L，如图 2.1-2 所示。

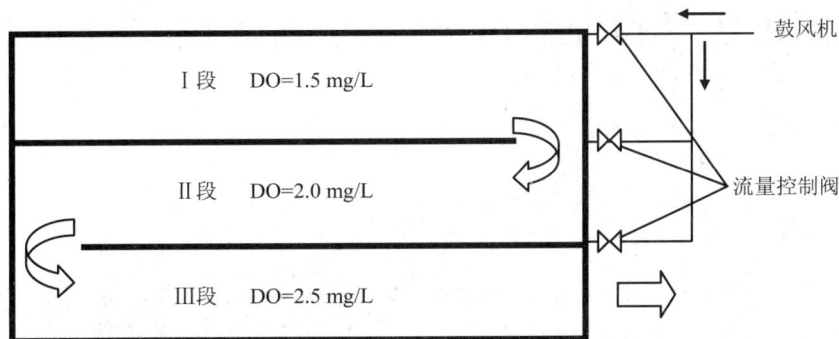

图 2.1-2　生化池风量控制示意图

　　PLC 检测各段 DO 值，当 DO 值与 PLC 系统中设定值有差异时，PLC 将调节对应曝气支管的空气阀门开度，调节空气流量。

　　PLC 在控制各段空气流量控制阀的同时，检测空气总管内的压力。根据鼓风机的特性曲线，流量的增加必将引起压力的下降。管路上的压力传感器将压力变化的模拟量信号反馈到 PLC，PLC 对鼓风机发出开机或关机的指令，保持总管内的空气压力基本恒定。若配备变频鼓风机，则 PLC 可以通过风机变频控制无级变速，更有利于稳定总管内的压力，减少鼓风机的频繁开停机。

　　在这种控制方式中，空气流量控制阀和鼓风机同时受到 PLC 的监控，在曝气池某段溶解氧发生变化时，该段控制阀会先行动作，自动调节控制阀开度。管道中压力的变化在一定范围内由总管和鼓风机特性自动平衡。当总管中压力超过设定值时，PLC 才会对鼓风机发出调节指令，对曝气系统的控制较灵活，作用明显，控制稳定。

　　在"远程手动"方式下，操作人员在上位机界面可手动调节鼓风机频率，使生化反应池内 DO 值保持在工艺运行要求范围内。

　　在"远程自动"方式下，可通过上位机设定 DO 目标值、鼓风机总管压力目标值，由 PLC 系统根据 DO 值变化自动调节鼓风机的启停、变频（或出口导叶调整），以实现恒 DO 运行。

四、注意事项

　　（1）曝气量控制阀门对于 DO 精确控制影响很大，应选择控制精度高、线性好的阀门；

　　（2）恒 DO 的曝气方式，不适合于所有 A^2/O 生化曝气场所，操作人员应根据其他控制指标做出调整。

子任务 2.2　根据活性污泥生长因素调控自动运行指标

一、任务概述

掌握生化池精确曝气的控制方式和方法，会根据活性污泥生长因素调整精确曝气系统的各项参数，达到优化生物处理的效果。

二、准备工作

1．知识准备

（1）熟悉精确曝气系统集控操作画面；

（2）熟悉鼓风曝气系统的恒压力运行方式；

（3）熟悉鼓风曝气系统的恒风量运行方式。

2．实训场地

中控室。

3．实训设备

（1）中控室精确曝气系统；

（2）现场鼓风曝气设备、阀门等。

三、方法步骤

1．生化池精确曝气控制方式

精确曝气系统是一种高级的曝气控制系统，是基于先进过程控制（APC）的智能解决方案。它涵盖了污水处理的生化过程，如有机负荷的降解、脱氮除磷环节。在模型预测控制（MPC）和前馈控制的基础上，APC 对内回流以及曝气系统进行精准控制，达到优化的处理效果。

精确曝气系统采用前馈与反馈控制模式，被控目标为生化池 $NH_4\text{-}N$（在生化池末端新增氨氮检测仪），控制参数为曝气量（启停空气阀门数），控制原理如图 2.2-1 所示。

在前馈控制过程中，根据气水比和需氧量模型分别进行曝气量计算，同时考虑进水 $NH_3\text{-}N$、MLSS、温度等参数对活性污泥生长因素的影响，对计算曝气量进行修正，根据该曝气量对鼓风机和生化池空气阀门进行调节；当曝气一段时间后，根据生化池所测

NH_3-N 和 DO 值利用模糊控制方法对曝气量进行调整，达到优化生化反应环境和节约能耗的目的。

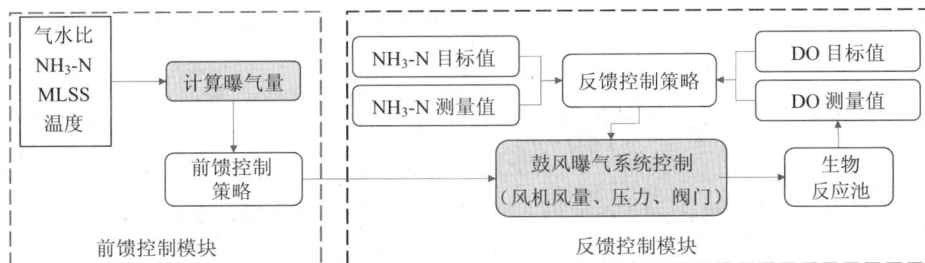

图 2.2-1 生化池曝气控制原理

精确曝气系统上位机监控界面如图 2.2-2 所示。

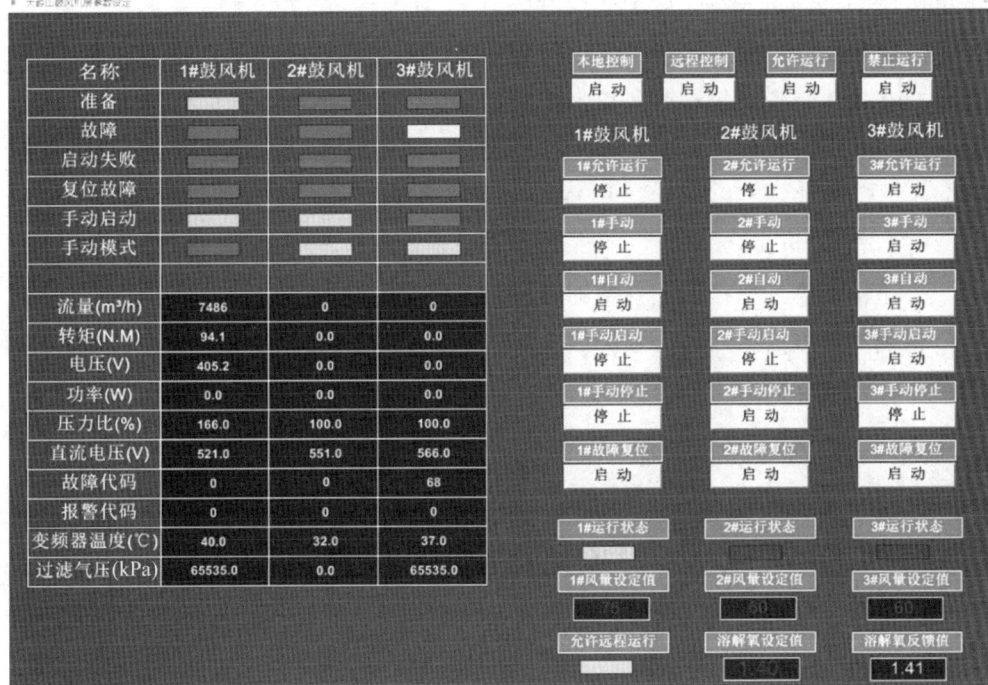

图 2.2-2 精确曝气系统设置界面

2. 鼓风曝气系统控制说明

曝气系统是由鼓风机、曝气管阀门和溶解氧仪共同组成的闭环系统，为生物反应池好氧段提供氧气，并维持好氧段所需的溶氧量。根据好氧段 DO 值，可以控制鼓风机开启程度，维持 DO 在一定范围内变动。

每台鼓风机配备独立的就地控制柜。一般鼓风机组配备 PLC 柜对机组进行启停控制。曝气总管上配置压力变送器和热式质量气体流量计。测定的压力和风量送至 PLC，系统根据实测值与设定值的比较情况对鼓风机组进行风量控制。PLC 对鼓风机组有两种闭环控制方式，恒压力控制方式和恒风量控制方式。

（1）恒压力控制方式。①鼓风机轮换启停，每次优先投入累计运行时间最少的鼓风机。②当鼓风机曝气总管压力低于设定值时，应首先开启 1 台鼓风机，并将其流量设定在最小值（如 45%），并逐渐增大至最大值（如 100%），直到曝气总管压力达到设定值。若总管压力仍不能满足要求，继续开启第 2 台鼓风机，并将其流量设定在最小（如 45%），同时将首台鼓风机的流量逐渐减至最小（如 45%），然后同时调增 2 台鼓风机的流量，直到曝气总管压力达到设定值。③当曝气总管压力高于设定值时，同步降低 2 台鼓风机的流量，当 2 台鼓风机流量均降至最小值（如 45%）时，关闭 1 台鼓风机，然后调节单台鼓风机风量，直到曝气总管压力到达设定值。

（2）恒风量控制方式。类似恒压力控制方式，最终调节风量达到设定风量值。

此外，PLC 还将记录每台鼓风机每小时启动的次数，禁止 1 台鼓风机短时间（如 1 h内）启动次数高于设定值。

四、注意事项

（1）关注精确曝气系统相关参数的可调整范围，避免超调。

（2）精确曝气系统投用后，要重点观察鼓风机设备启停频次，充分避免风机的频繁启停和调节。

子任务 2.3 生化池自动运行异常原因分析

一、任务概述

熟悉生化池自动运行过程中的异常现象，掌握异常的排查方向和方法，特别关注生化池水质检测类仪表和鼓风机设备的异常原因并分析。

二、准备工作

1．知识准备

（1）生化池自动运行异常原因的分类；

（2）熟悉鼓风机设备可能发生的故障现象。

2．实训场地

集控室和设备安装现场。

3．实训设备

（1）中控室上位机系统；

（2）现场推流、搅拌、回流泵、鼓风曝气设备。

4．安全事项

及时排查发生故障的原因，排除可能引起异常的风险及隐患。

三、方法步骤

1．生化池自动运行常见故障

生化池自动运行常见故障主要分为设备类和系统类，其中设备类包括鼓风机、推流器、潜水搅拌器、内外回流泵、水质分析类仪表、其他仪表（液位、流量等）、曝气总管及支管阀门设备。系统类主要指鼓风曝气（精确）控制系统在运行过程中触发的警告类故障，主要用于提醒操作人员及时调整工艺运行参数，保证生化池出水水质达标。

2．鼓风机常见故障分析

以磁悬浮风机为例，讲解鼓风机设备的常见故障及原因分析，见表 2.3-1。

表 2.3-1 磁悬浮风机常见故障及分析

故障名称	故障原因	解决方法
轴心轨迹高停机	1. 风机发生喘振； 2. 磁轴承控制需要调整	检查轨迹信号接线
电机运行中轴承下落	1. 磁悬浮控制器信号受到干扰； 2. 磁悬浮控制器信号线接触不良； 3. UPS 故障； 4. 变频器通信中断	1. 检查信号线是否有效接地； 2. 检查磁悬浮控制器与 PLC 接线、插头是否紧固； 3. 检查 UPS 供电是否正常； 4. 查看变频器与 PLC 通信是否正常，有无报警信息
变频器发生故障	1. 变频器电源突然断电； 2. 变频器电源有较大波动； 3. 变频器过载	根据变频器显示面板的故障码查询变频器故障原因

故障名称	故障原因	解决方法
定子温度高 轴向温度高 后轴承温度高 前轴承温度高	1. 电机风冷风机故障； 2. 电机水冷系统故障，水泵或换热器风机故障； 3. 电机绝缘电阻变小	1. 检查电机温度； 2. 检查电机绝缘； 3. 检查更换电机温度传感器； 4. 检查冷却系统； 5. 检查进气温度
进气温度高	外部环境温度太高	1. 检查进气温度传感器和线缆是否发生故障； 2. 将室温降至允许范围（如40℃）以下
进气温度低	外部环境温度太低	检查进气温度传感器或线缆
排气温度高	外部环境温度太高	1. 检查排气温度传感器和线缆是否发生故障； 2. 将室温降至允许范围（如40℃）以下
进气压差高	进气过滤器堵塞	1. 检查进气过滤器是否堵塞； 2. 清洁或更换进气过滤器
排气压力高	1. 管道阀门未开启； 2. 曝气池水位上涨	1. 检查管道内阀门是否开启； 2. 检查曝气池负载是否增加
电机电流高	风机启动过载	1. 检查电机功率是否过载； 2. 将实际值与极限值对比
鼓风机发生喘振	1. 管道内阀门未开； 2. 曝气池内负载增加； 3. 以较低转速启动风机	1. 检查管道内阀门是否开启； 2. 确认曝气池内负载是否增加； 3. 以较高转速启动风机
电机风冷故障	电机风冷风机故障	检查风冷风机电源是否跳闸或保险熔断
液位低故障停机	水箱水位低	及时补充冷却液

3. 鼓风曝气（精确）系统的故障容错

精确曝气系统具有丰富的容错处理机制，大大降低了单体故障错误对系统整体的影响，即使在一定数量的传感器故障情况下，系统仍然能够维持有效的闭环控制。

精确曝气系统具有丰富的故障应对策略，当在线仪表如溶解氧仪、空气流量计或阀门等发生故障或信号失真，或出现通信故障，如 PLC 站间通信故障、上位机和 PLC 通信故障等，精确曝气系统都能进行容错处理，进入故障处理备选方案进行控制，允许用户切换到安全操作模式。

四、注意事项

（1）加强对精确曝气系统载体（多数为 PLC 控制柜、集控上位机系统）的定期保养维护，确保其所处的环境条件合适。

（2）精确曝气系统需要连接很多在线仪表，并且与厂区其他控制站间有数据交换，所以系统耦合性较强，任何单一设备仪表故障或者站间通信故障都会导致系统输入不完整而影响系统的控制性能。

（3）精确曝气系统设计的基本条件之一：运行过程中的仪表故障、信号失真以及现场维护必然会发生，虽然控制模型建立在容许传感器故障的情况下，精确曝气系统具有丰富的容错处理机制，为保证精确曝气系统的最优化和最稳定运行，应充分加强现场仪表特别是溶解氧仪和氨氮仪的保养。

子任务 2.4 通过集控系统数据、曲线、报表分析生化系统运行状态

一、任务概述

熟悉通过集控系统查看生化系统的实时数据、趋势曲线和数据报表的方法，操作人员应掌握通过监测数据显示和记录，调整生化系统的运行方式。

二、准备工作

1. 知识准备
（1）熟悉集控系统实时数据的查看方式；
（2）熟悉集控系统趋势曲线的查看方式；
（3）熟悉集控系统数据报表的查看方式。

2. 实训场地
中控室。

3. 实训设备
中控室上位机系统。

三、方法步骤

1. 水质监测数据显示和记录
（1）操作人员可通过集控系统实时反映的各水质数据，了解和掌握生化池系统运行

状态和设备运行参数，及时调整和优化生化工艺，如图 2.4-1 所示。

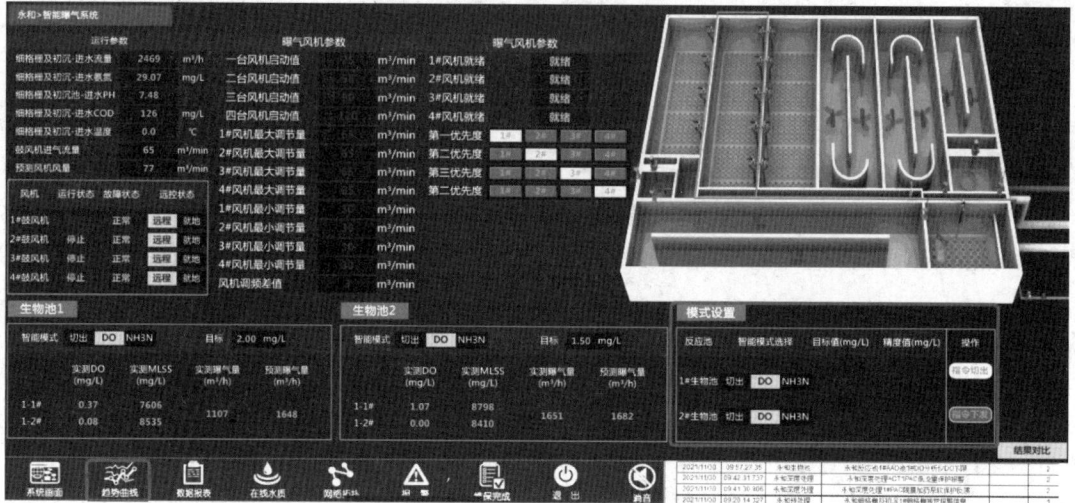

图 2.4-1　集控系统监控界面

（2）集控系统实时记录生化池 DO、MLSS、ORP、NH_3-N、硝态氮等仪表的运行数据，并依据记录数据自动生成动态变化曲线，如图 2.4-2 所示。

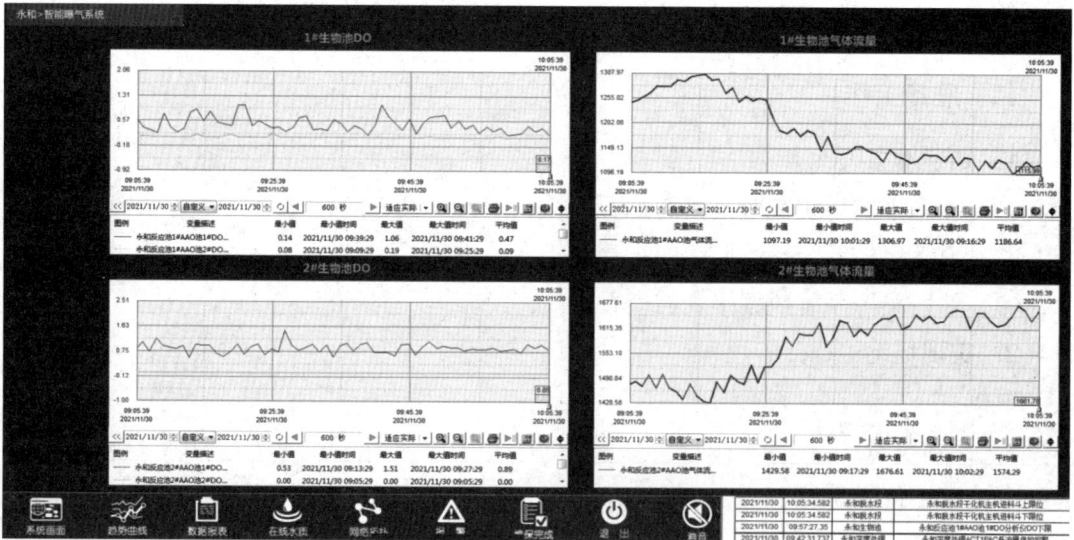

图 2.4-2　集控系统 DO 和气体流量实测值和预测值的曲线

2．关键设备运行监测数据显示和记录

（1）集控系统记录污水处理生化段关键设备的运行数据，并依据数据自动生成动态变化曲线；

（2）集控系统记录鼓风曝气设备的运行数据，如记录鼓风机风量、（总）电流、曝气设备的运行时间、转速或开启度等；

（3）操作人员通过对生化段关键设备的运行电流监测，特别是对长时间段电流趋势曲线的分析，可了解生化段关键设备的运行负荷情况，操作人员应根据趋势曲线所反映的变化（如运行电流突然上升或下降）及时到达设备现场，并对该设备进行检查和维护维修。

四、注意事项

（1）水质监测数据和设备运行数据是控制系统稳定运行的基础，应定期对相关在线仪表进行校验维护，确保监测数据准确。

（2）控制系统设定参数是系统运行的基准，应根据工艺运行情况进行分析调整，确保系统稳定运行。

任务小结

通过本任务的学习和实训，熟悉生化系统自动运行与调控，重点掌握生化池配套的集控系统的使用方法和注意事项，关注精确曝气系统投入后的生化处理效果，并及时做出调整和优化。

任务练习

（1）简述生化池溶解氧、空气阀门、鼓风机之间的关系。

（2）简述鼓风机恒压力控制方式的内在控制逻辑。

（3）精确曝气系统采用哪两种控制模式？被控目标是什么？控制参数有哪些？

任务 3　沉淀系统自动运行与调控

任务目标

（1）能完成沉淀系统、加药系统自动控制功能操作；

（2）能通过上位机画面监控沉淀系统运行状态；

（3）能根据实际工况调整沉淀池的运行参数，合理控制加药量；

（4）能通过数据记录、曲线等分析沉淀异常，排除系统故障。

任务综述

沉淀是去除水中悬浮物的主要单元，污水处理厂常用的沉淀系统主要有平流式沉淀池、蜂窝斜管填料沉淀池、高密度沉淀池等。本任务主要讲解高密度沉淀系统、加药系统自动运行及调控。

任务实施

子任务 3.1　沉淀系统和加药系统自动控制功能

一、任务概述

熟悉污水处理厂沉淀系统、加药系统的控制，能远程操控沉淀系统、加药系统，通过中控历史曲线判断沉淀系统自动运行异常分析及故障排除。此任务以高效沉淀池为例进行讲解。

二、准备工作

1. 知识准备

（1）熟悉沉淀系统设备构成、电控线路和电控操作；

（2）熟悉加药系统设备构成、电控线路和电控操作。

2. 实训场地

（1）远程控制：中控室；

（2）手动控制：设备安装现场。

3. 实训设备

（1）中控室上位机系统；

（2）高密度沉淀池系统设备。

三、方法步骤

高密度沉淀池采用载体絮凝技术，这是一种快速沉淀技术，其特点是在混凝阶段投加高密度的不溶介质，利用介质的重力沉降及载体的吸附作用加快絮体的"生长"及沉淀。其工作原理是首先向水中投加混凝剂（如硫酸铁），使水中的悬浮物及胶体颗粒脱稳，然后投加高分子助凝剂和密度较大的载体颗粒，使脱稳后的杂质颗粒以载体为絮核，通过高分子链的架桥吸附作用以及微砂颗粒的沉积网捕作用，快速生成密度较大的矾花，从而大大缩短沉降时间，提高澄清池的处理能力，并有效应对高冲击负荷。高效沉淀池工艺原理如图 3.1-1 所示。

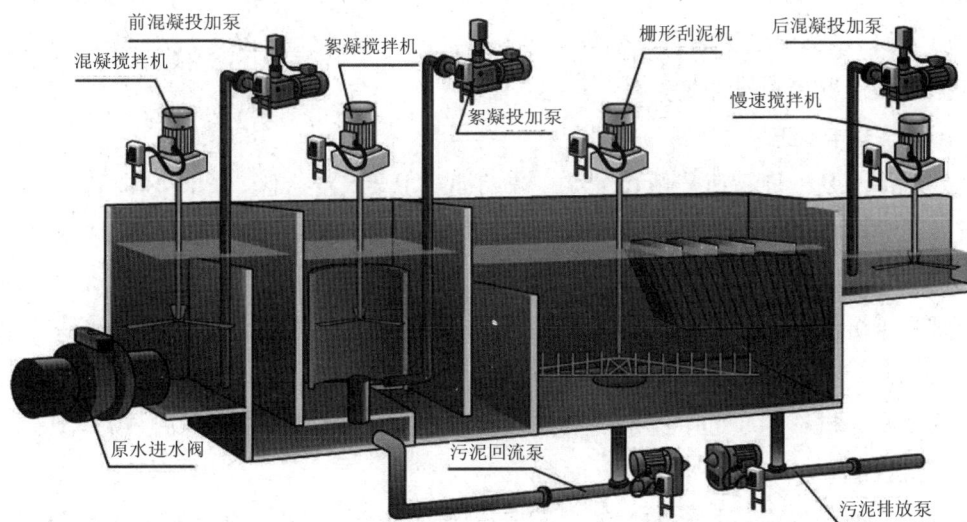

图 3.1-1　高效沉淀池工艺原理

1．加药控制系统

加药控制系统用来控制絮凝剂的自动投加，加药操控功能如图 3.1-2 所示。

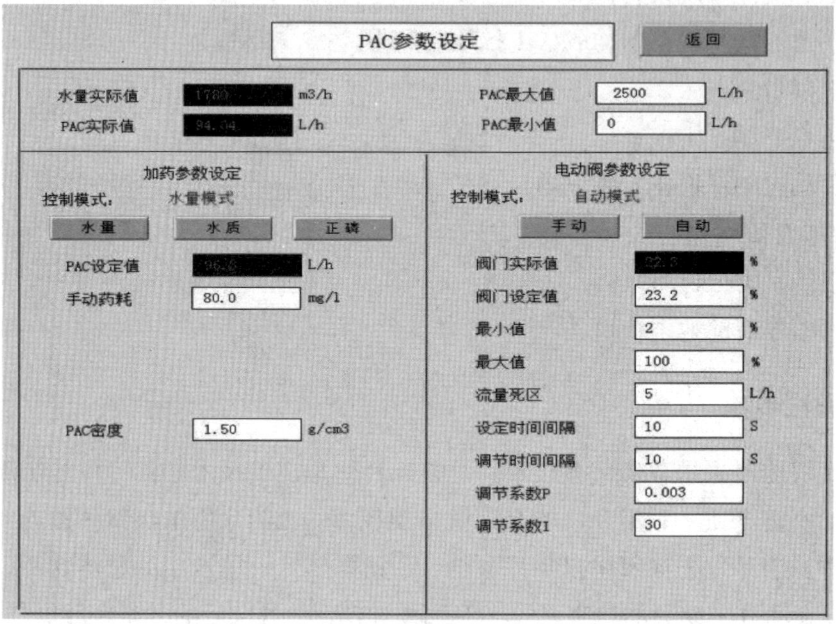

图 3.1-2　高效沉淀池智能加药监控画面

絮凝剂投加量取决于进水悬浮物的性质和浓度，须通过药剂小试来确定投加量。试验中需控制的参数是絮凝记录、污泥量和沉淀速度。投加点上聚合物的浓度必须稀释到 0.05～0.1 g/L，以实现最好的絮凝效果。具备条件的可双路投加 PAC 混凝剂和 PAM 絮凝剂，依据絮体情况调控投加量。

2．混合搅拌系统

高效沉淀池是一种高速一体式沉淀、浓缩池，主要有混合区、絮凝区、澄清区组成。混凝沉淀主要控制参数为搅拌强度和搅拌时间。混合区安装有快速搅拌器，投入聚合氯化铝（PAC），使药剂与污水充分混合后流入絮凝区。絮凝区安装慢速搅拌器，形成个体较大且易于沉淀的絮体。在沉淀区安装斜管，池面设置出水堰，沉淀区下部是浓缩区，安装有浓缩刮泥机，将沉淀池的污泥刮至池底部，排出池外。混合区、絮凝区、沉淀区的搅拌器及刮泥机都是通过中控系统上位机远程启停并根据工艺需要调整频率。

3．污泥回流控制系统

絮凝反应池如果没有足够的污泥，所取得的处理效果就不会好。如果泥量过多，就会超出固体负荷的限制，泥床有上升的危险。好的污泥回流能达到 3%～5%的污泥沉降比，甚至更高。

污泥回流比的控制通过改变回流泵的流量，进而调节污泥的沉降比。最佳的调节是在进水流量最大的情况下完成的。回流比调节方式如下：

（1）污泥回流控制在 3%～5%，若低于或高于这个范围，需通过调节回流泵增大回流量或者减少回流量。如果泥床升高了，那么就降低预设的沉降比值（回流泵流量）；当回流污泥的沉降比值得到满足时，那么不管进水流量如何，回流泵的调整值均可以保持不变。

（2）如果流量陡增或泥位升高，则降低污泥回流流量；进水流量逐步提高的方法是每一步大约为最大流量的 10%，每一步所需的时间是 20～30 min。

（3）当系统内没有污泥时启动系统，应从底部进行污泥回流以便反应池尽快达到正常的污泥浓度。当泥床位置升至 0.5～1 m 时（或泥位超过低位探头时），恢复从池锥部位回流污泥。

（4）回流污泥浓度≥8 000 mg/L。

4．排泥控制系统

排泥控制系统由泥位计和排泥泵组成，泥床泥位计自动控制排泥泵的开停。

泥床的作用在于为回流积攒足够的污泥并提高污泥的浓度。泥位的稳定性是判断高密池运行状况的一个指标。通过一系列的仪表监测污泥界面并以此为依据对排泥进行控制和调节。

高效沉淀池的泥位计监测值或者手工测量泥位值，判断泥位是否在 0.5～1 m，如果低于 0.5 m 时，需关闭排泥泵；如果高于 1 m 时，则需加大排泥，增开排泥泵或者增加排泥时间。

四、注意事项

（1）在混凝池设置有多个搅拌器的情况下，对于搅拌器减速机转速比选型都有要求，一般是本着逐级减速的原则，并可通过中控上位机开停和调整频率。

（2）对于回流污泥，回流比太大，有可能产生污泥龄过老，则容易产生污泥上浮。回流比太小，污泥龄太小，污泥会逐渐变少，达不到处理污水的目的。

（3）排泥要根据泥位计作为参考，泥位不易过高，过高的泥位会致使刮泥机过载报警。

子任务 3.2 沉淀系统自动运行状态监控

一、任务概述

通过中控室上位机画面监控沉淀系统的运行状态，并按照规范操作控制系统自动运行。

二、准备工作

1．实训场地
中控室。

2．实训设备
上位机计算机。

三、方法步骤

1．高效沉淀池的自动运行监控

中控室上位机画面可远程监测高效沉淀池所有设备、仪表的运行参数。监控混合搅拌机、絮凝搅拌机、污泥泵运行状态，监视加药量、污泥回流量、排泥量、泥位等数据。高效沉淀池监控画面如图 3.2-1 所示。

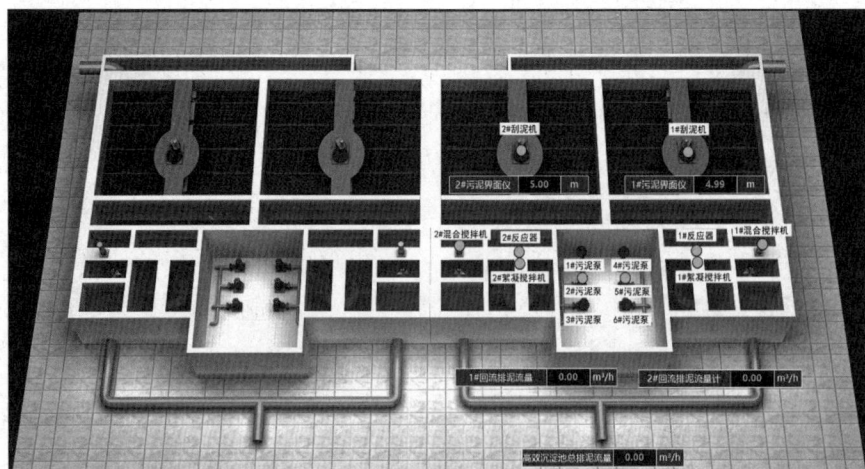

图 3.2-1 高效沉淀池监控画面

2. 刮泥机、污泥泵运行监控

在监控画面上点击刮泥机、污泥泵等设备弹出操作界面，可远程控制设备启停，显示设备运行状态，还可累计设备本次连续运行台时和总运行台时等。刮泥机、污泥泵操控画面如图 3.2-2 所示。

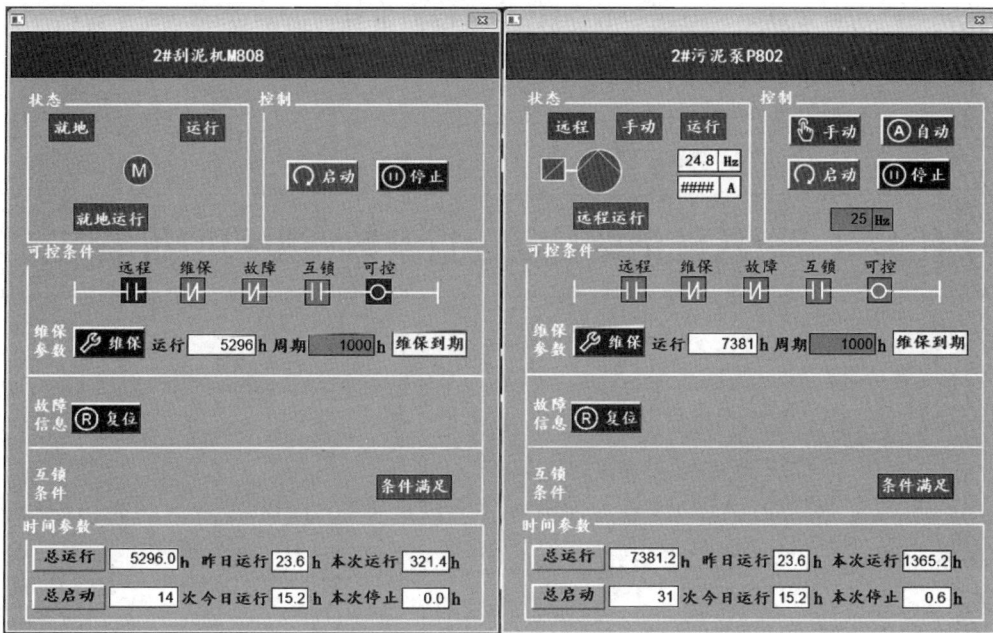

图 3.2-2 刮泥机、污泥泵操控画面

3. 加药系统运行监控

加药系统运行监控画面除了远程监控 PAC 及 PAM 加药泵运行状态外，还可以设定加药流量自动投加，并通过液位计查看药液池储药情况，加药系统运行监控画面如图 3.2-3 所示。

图 3.2-3 加药系统运行监控画面

四、注意事项

（1）正常运行时要注意刮泥机、搅拌器运行是否正常。

（2）高效沉淀池出水浊度控制在 5 mg/L 以内。如果高效出水浊度＞5 mg/L，应检查：①PAC 和 PAM 加药是否正常，如不正常及时恢复加药；②高效进水浊度是否过高，如过高应检查二沉池有无翻泥；③高效出水渠液位是否过低导致浊度探头露出水面。

（3）检查高效出水液位是否正常。

子任务 3.3　沉淀池的自动运行参数调整和加药量控制

一、任务概述

能判断沉淀池自动运行参数是否异常，会通过设置自动加药参数、回流污泥比例并处理异常。

二、准备工作

1. 实训场地
中控室。

2. 实训设备
中控计算机。

三、方法步骤

1. 沉淀池絮凝反应的控制

反应是给水处理的最重要的工艺环节，絮凝长大过程是微小颗粒接触碰撞的过程。絮凝效果的好坏取决于下面两个因素：一是混凝剂水解后产生的高分子络合物形成吸附架桥的连接能力，这是混凝剂的性质决定的；二是微小颗粒接触碰撞的概率和如何控制它们进行合理的有效碰撞，这是由设备的动力学条件决定的。机械反应池反应效果好，水头损失小，反应时间 12～15 min，只需要控制搅拌器启停便可。设计上升流速一般在 0.8～1.1 mm/s，低温低浊或有机物较多时一般选用低值。

2．加药参数调整

药剂的投加量取决于药剂种类，还与生化系统的设计条件、污水水质以及后续固液分离方式密切相关。在有条件时，应根据实验来确定合理的投加。

（1）PAC 投加。药剂的投加种类及具体投加量需要根据实际进出水水质，在现场通过烧杯实验确定，具体加药量和投加浓度由现场根据进水水质参数、水量及出水水质参数经验确定。采用湿式投加，药剂在溶液池经过溶解、搅拌均匀后配制成一定浓度的药液，采用压力计量泵投加到混合池内。

（2）聚丙烯酰胺（PAM）投加。由于 PAM 溶解性不佳，PAM 制备采用自动溶液制备装置，PAM 投加点为高效沉淀池絮凝区内，投加浓度为 0.2%，投加量为 0.5～1 mg/L。如图 3.3-1 所示。

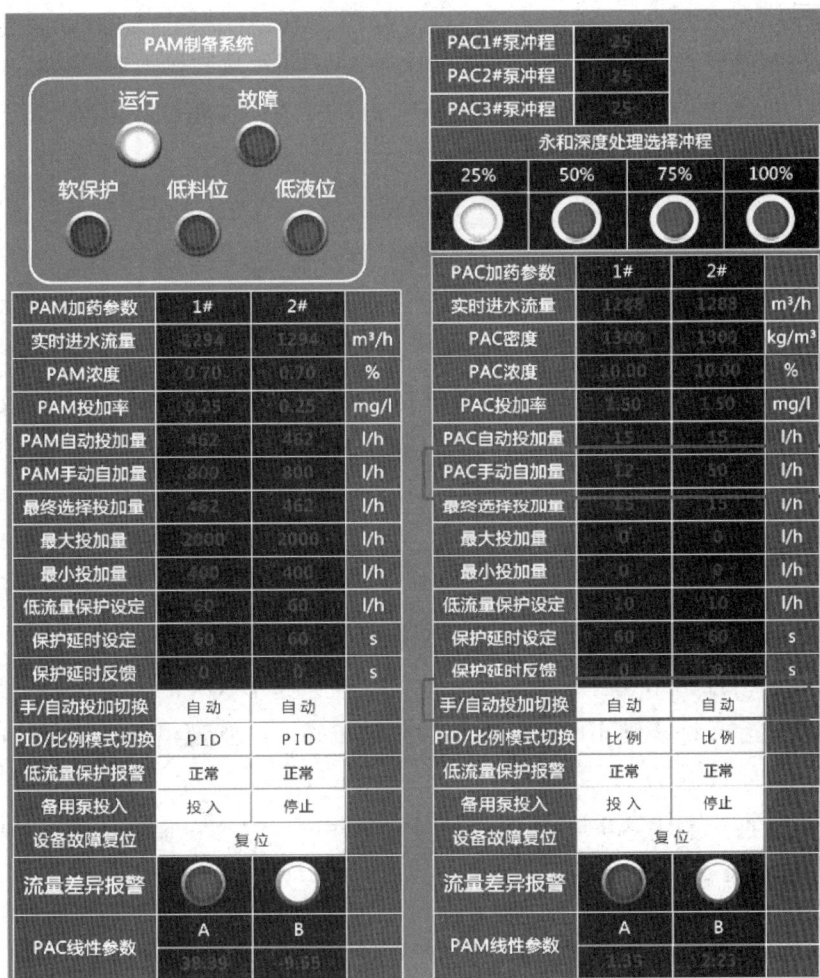

图 3.3-1　高效沉淀池加药系统自动运行参数设置界面

3. 回流污泥参数调整

排泥是否通畅关系到沉淀池净水效果，当排泥不畅、泥渣淤积过多时，将严重影响出水水质。排泥方法一般分多斗重力排泥、穿孔管排泥和机械排泥三种，可视具体情况采用。

（1）排泥周期过长时，沉淀池常有翻泥现象，沉淀效果不理想，易导致水中悬浮物超标。

（2）排泥周期过短时，常造成污泥浓缩的时间不够，泥水分离效果不好，浓缩周期后的污泥含水率过高（98.5%），严重影响后续污泥处理。

针对上述问题，首先对沉淀池产生的污泥进行定量分析，再结合沉淀池本身的构筑特点以及污泥排放与浓缩的工艺要求，确定出合理的排泥周期，从而改善整个废水与污泥的处理效果。

当起始系统内没有污泥时，应通过剩余污泥泵从底部进行污泥回流以便反应池尽快达到正确的污泥浓度。当泥床位置升至 $0.5\sim1\,m$ 时（或泥位超过低位探头时），恢复回流泵从池锥部位回流污泥。

四、注意事项

（1）注意观察中控室上位机流量计设定值与实际值是否偏差较大，如果发现流量偏小应检查过滤器是否堵塞、储药池液位是否偏低；如果发现流量过大，则通过调整计量泵的冲程或者转子流量计前的球阀调节流量到设定范围（一般预设阀门设定值）。

（2）药剂投加过量时，能看到明显的矾花，且池面水体颜色发红，出水堰跌水有较多的白色泡沫，出水夹带细碎的矾花。现场调整药剂的量可以此来做简单的判断是否过量。同时储药池安装液位计，每天根据液位差计算药剂的使用量或者通过进水流量设置固定药耗。

（3）在运行过程中，PAM 的投加量对 SS 有较大的影响。PAM 投加不足，在快速混合区形成的多种络合物和聚合物不能有效地絮凝在一起形成大的矾花沉降下来，造成污泥的沉降性能变差，许多细小的絮团在水力作用下随着出水流出沉淀池，造成出水 SS 较多。

（4）总磷（TP）的去除主要由 PAC 的投加量决定，PAC 投加量过低会使出水 TP 极其不稳定，引起 TP 超标风险。

子任务 3.4 沉淀系统自动运行异常分析及故障排除

一、任务概述

通过中控系统观察沉淀系统运行状态、报警情况，分析报警原因，通过合理手段消除报警。

二、准备工作

1. 实训场地

中控室。

2. 实训设备

中控计算机。

三、方法步骤

1. 絮凝沉淀系统运行参数异常

沉淀池搅拌器、污泥回流泵、污泥排泥泵等设备，通常采用自动控制，有特殊要求或者自控方式故障时，及时切换设备为手动运行控制。沉淀系统运行参数调整应符合以下要求：

（1）深度处理采用絮凝沉淀工艺时，投药混合设施中 G 值（流速梯度）宜采用 300 s^{-1}；

（2）混合时间宜采用 30～120 s；

（3）絮凝时间为 5～20 min；

（4）混合流速为 0.8～1.0 m/s；

（5）根据表 3.4-1 絮凝沉淀对污染物去除率经验值，合理控制沉淀池进水水质各项指标，充分发挥絮凝沉淀功能，确保出水达标。

表 3.4-1 絮凝沉淀对污染物去除率

项目	处理效率/%	目标水质/（mg/L）
浊度	50～60	3～5
SS	40～60	5～10

项目	处理效率/%	目标水质/（mg/L）
BOD_5	30～50	5～10
COD_{Cr}	25～35	30～50
TN	5～15	5～15
TP	40～60	0.5

2．絮凝沉淀系统运行异常及处理

（1）加药流量计指示值是否在设定范围内（150～200 L/h）。如果发现流量偏小应检查 Y 形过滤器是否堵塞、储药池液位是否偏低；如果发现流量过大，则通过调整计量泵的冲程或者转子流量计前的球阀调节流量到设定范围。

（2）药剂投加量异常。药剂投加过量时，能看到明显的矾花，且池面水体颜色发红，出水堰跌水有较多的白色泡沫，出水夹带细碎的矾花。储药池安装液位计，每天根据液位差计算药剂的使用量并记录在生产日报表上，加药量计算值与监控画面加药流量值比较是否一致，以此判断加药流量计是否准确。

（3）巡检时要观察搅拌机的运行状态（声音、震动、混合反应池内的搅拌情况等）是否正常，发现异常及时处理。

（4）计量泵、搅拌机需在开始使用 15 d 后更换润滑油，以后要求每年补充 1 次，可根据实际情况进行润滑。

3．自动控制系统常见故障及处理

（1）PLC 或上位机故障。运行人员通过中控室或者现场触摸屏无法对沉淀系统内被控对象进行监控，包括启停控制、设备状态和主要工艺参数监控、设备就地/远程切换等，可判定为 PLC 或上位机故障，需要通知维修人员现场检查故障并处理。

（2）自动控制系统故障。由于现场 PLC 站与中控系统故障引起的信号中断需要转为就地控制，待解决问题后转为自动运行。

（3）因流量计、液位计以及设备损坏引起的自动控制故障，应查找修复或者重置新设备；设备重置前应就地人工控制；中心传动浓缩机不得长时间停机和超负荷运行。

四、注意事项

（1）沉淀区集水槽应有校正水平的调节措施，以防止施工完毕后，水池不均匀沉陷而导致池子倾斜引起不均匀集水。

（2）应定期巡检高效池出水是否正常，絮体是否正常，池面是否有浮泥、垃圾等，高效池设备运行是否正常、有无异响，斜管是否干净，出水堰板有无垃圾。

（3）高效池斜管应定期进行清理，在夏季时，在高效池加装防晒网，以减少青苔的生长，并定期用刷子清理斜管上的青苔。

（4）停用后，及时冲洗斜管并加满清水，防止斜管老化或下沉。

任务小结

通过本任务学习，掌握了沉淀池的运行方式和注意事项，熟悉了加药混凝、絮凝的内容和污泥回流排放的处理方法，掌握了沉淀池自动控制系统运行异常及处理。

任务练习

（1）沉淀是去除什么的主要单元？

（2）混合搅拌需要投加什么药剂？絮凝搅拌需要投加什么药剂？

（3）沉淀池污泥回流的作用是什么？

（4）自动加药的优点是什么？

（5）简述沉淀池自动控制系统常见故障及处理方法。

任务4 过滤系统自动运行与调控

📊 任务目标

（1）掌握滤池规范化运行的关键点，重点学习过滤系统和反冲洗系统的关键控制要点；

（2）熟悉滤池反冲洗触发的条件和相应的优先级，了解反冲洗过程的基本步骤和步序，以便在反冲洗异常中能快速找到异常原因；

（3）了解滤池正常运行的关键参数，学会各控制参数的调整范围和方向；

（4）熟悉滤池在运行过程中，可能会发生的异常现象、原因和解决方法，要求当滤池发生异常时，能够快速找到问题原因并加以解决；

（5）掌握影响滤池反冲洗效果的因素，特别关注过滤周期、反冲洗强度和时间的调整和优化。

✏️ 基础知识

以 V 形滤池为例，V 形滤池是一种以恒定水位过滤的快滤池。滤池两侧的进水槽呈 V 字形，滤池过滤自动控制系统可根据池内水位自动调节出水清水阀开度，使池内水位恒定。V 形滤池的运行过程监控画面如图 4-1 所示。

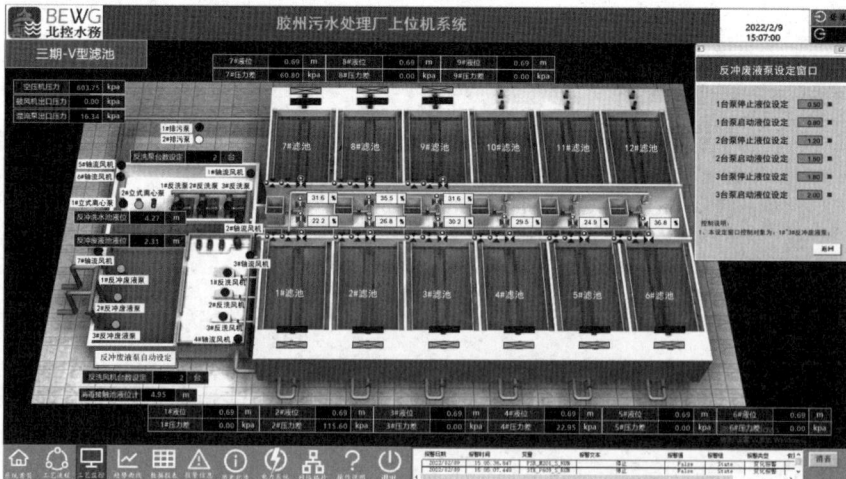

图 4-1 V 形滤池的运行过程监控画面

任务实施

子任务 4.1　滤池过滤系统和反冲洗系统自动运行控制功能

一、任务概述

熟悉污水处理厂滤池过滤系统和反冲洗系统自动运行控制功能，在过滤系统应重点关注恒液位的运行情况，在反冲洗系统重点在于反冲洗的阶段和基本步骤。

二、准备工作

1．知识准备

（1）熟悉滤池操作的手动、半自动、全自动运行方式；

（2）熟悉滤池反冲洗各阶段控制程序，包括气洗、气水联合洗（混洗）、水冲、表面扫洗等。

2．实训场地

中控室和设备安装现场。

3．实训设备

（1）中控室上位机；

（2）滤池配套设备，主要包括鼓风设备、反冲洗水泵、各类开关型阀门、产水调节阀等。

三、方法步骤

1．滤池过滤系统

滤池过滤系统自动运行是指滤池保持恒液位运行的状态，即通过产水调节阀（气动或电动）的实时动态开度调整，调节 V 形滤池出水流量大小，将 V 形滤池运行液面保持在设定液位。如图 4.1-1 所示，该图为某污水处理厂 11#滤池的动态监控画面，该滤池运行液位稳定保持在 1.6 m 左右。

图 4.1-1　单组滤池运行监控界面

Ｖ 形滤池在自动状态下运行时，内置程序会自动根据进水量控制出水阀门开度，也就是说，如果进水量大（小），出水阀门开度就会增大（减小），从而保持滤池液位恒定。这个恒定的液位值也是可以在程序控制面板修改的。

2．反冲洗系统

（1）滤池的反冲洗条件。

滤池的反冲洗条件在中级教程中已有讲解，在此简述。

滤池的反冲洗系统，在以下三个条件下均会启动反冲洗程序：

1）"时间周期"自动反冲洗条件。设置滤池最大运行周期（缺省值为 48 h，可调整），当达到运行周期时，启动反冲洗程序。

2）"水头损失"自动反冲洗条件。当产水阀开度达到某一限值（如 90%）时，同时池内液位＞恒定设定值+0.2 m 时，启动反冲洗程序。

3）"强制反冲洗"条件。操作人员在上位机按下"强制反冲洗"键后将启动反冲洗程序。

应注意，滤池的三个反冲洗条件中，"强制反冲洗"条件优先级最高，"水头损失"条件次之，"时间周期"条件最低。

（2）滤池的反冲洗自动运行。

当滤池的反冲洗条件触发后，反冲洗系统按照程序内设的顺序逻辑，进行自动反冲洗，自动反冲洗完成后，自动投入正常恒液位运行。在自动反冲洗过程中，操作人员可随时根据现场情况，切入手动运行操作。

操作人员应重点熟悉和掌握滤池的反冲洗自动运行的基本步骤，以便能根据具体工况，调整和优化反冲洗步骤，滤池的自动反冲洗基本步骤如图 4.1-2 所示。

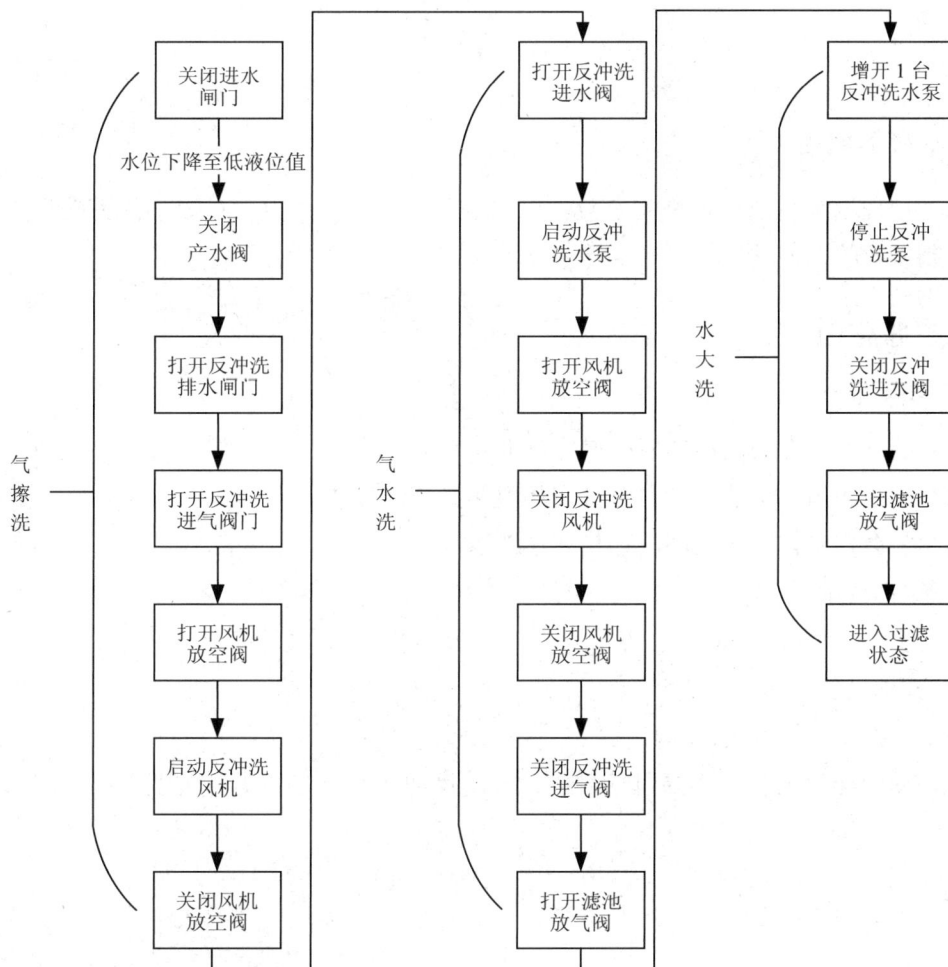

图 4.1-2　滤池自动反冲洗基本步骤

四、注意事项

（1）滤池的反冲洗步骤并不是一成不变的，以上仅列出了基本的反冲洗步骤，操作人员或调试人员应根据具体的应用场景做出相应的调整。

（2）往往现场存在多组并列运行的滤池，反冲洗风机、反冲洗水泵设备为滤池公用设备，在滤池反冲洗运行过程中，应充分注意各组滤池反冲洗启动的有序交错。

子任务4.2　合理设置滤池运行控制参数

一、任务概述

通过合理设置滤池运行控制参数，以取得更好的运行效果，在该子任务应重点学会滤池控制参数的调整方向。

二、准备工作

1．知识准备

（1）熟悉集控中心滤池的监控操作画面；

（2）掌握应用中控系统如何设置和调整相关控制参数；

（3）学会各操作模式之间的切换和注意事项。

2．实训场地

中控室。

3．实训设备

（1）中控室集控系统；

（2）滤池配套设备，主要包括鼓风设备、反冲洗水泵、各类开关型阀门、产水调节阀等。

三、方法步骤

1．关键运行控制参数

在实际使用过程中，操作人员根据现场工况，调整和优化滤池运行相关控制参数，对滤池的稳定高效运行至关重要。表 4.2-1 列出了滤池运行过程中操作人员可调整和优化的关键控制参数，控制参数的名称可能不同厂家不尽相同，但表征的意义类似。

表 4.2-1　滤池关键控制参数

序号	参数名称	说明	设置/监控值（示例）
1	滤池运行状态	用于指示滤池当前的运行状态，例如过滤、反冲洗、等待、维护	过滤
2	过滤时间设定	设定单周期滤池的过滤时长	48 h
3	排水时间设定	滤池由过滤状态转为反冲洗状态时，首先需要进行排空，该参数用于设定排空的时间	90 s
4	气洗时间设定	滤池反冲洗过程中气洗步骤的时长设定	300 s
5	气水洗时间设定	滤池反冲洗过程中气水联合洗步骤的时长设定	300 s
6	水大洗时间设定	滤池反冲洗过程中水大洗步骤的时长设定	180 s
7	堵塞值设定	设定滤池堵塞系数，系统检测到超过堵塞值时，根据优先级，触发自动反冲洗	150 cm
8	滤池等待时间设定	设定单周期滤池的等待时长	24 h
9	恒液位设定	设定滤池的恒液位运行数值	1.25 m
10	反冲洗周期	设定滤池反冲洗的周期	240 h
11	水头损失	设定滤池的水头损失	80%

2．滤池控制参数的合理设置

滤池的控制参数较多，以上列出了实际运行过程中，操作人员经常用到的参数调整项目，还有一部分控制参数用于设定反冲洗过程中的公用设备启动的交错（排队）参数，因该类参数通常在滤池调试完成投用后，基本固化，因此不再介绍。

滤池控制参数调整画面如图 4.2-1 所示，以下介绍滤池实际运行中比较重要的参数调整注意事项。

（1）过滤时间设定参数的合理设置。操作人员应设置合理的过滤时间，随着滤池过滤时长的增加，滤池内过滤层中的污染物持续增加，为保持滤池的恒液位运行，产水调节阀的开度逐渐增加，当反馈开度增加到上限（如 100%）时，滤池的反馈液位会超过滤池设定的恒液位值。因此，操作人员应设置合适的过滤时间参数，尽量保证滤池的恒液位运行保持在有效可调范围内，避免滤池过滤超负荷运行。

过滤周期是体现滤池性能的重要参数，周期选择合适与否直接关系到滤池的产水量和水质。科学地确定过滤周期，充分发挥均质滤料的优势，成为滤池优化的一个重要课题。目前有的学者利用数学模型描述滤层中悬浮颗粒截留量随过滤时间和滤层深度而变化的规律，以此来确定过滤周期，但不同学者提出的过滤方案往往差异较大。因此在实际操作过程中，过滤周期的选定基本上仍是根据在不同时期、滤前水浊度相对稳定的某个时段进行试验确定的。

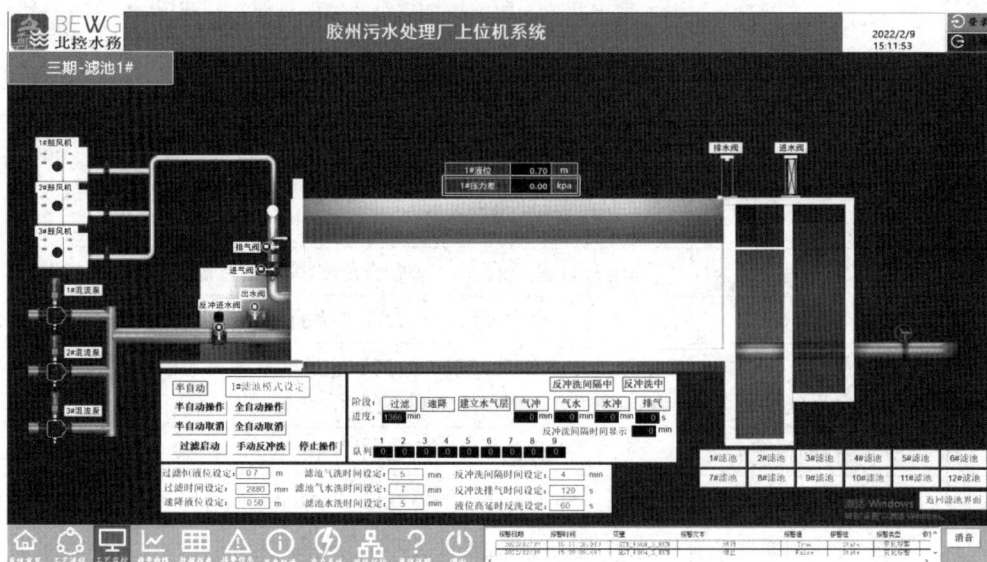

图 4.2-1　滤池控制参数调整画面

（2）排水时间设定参数的合理设置。该控制参数用于设定滤池排空的时长，当滤池内的排空阀门打开到位后，滤池内的水位快速下降，滤池中排水渠内的水体迅速排空，操作人员应在保证充分排空的前提下，尽量设置较短时间，以缩短滤池反冲洗总的时长。

（3）气洗时间设定参数的合理设置。气洗（气冲）步骤的设置，用于将滤料中污染物进行松动和擦洗，需根据现场情况，设置合适的数值，具体的设置值在不同的应用场景中不尽相同，但应保证在气洗（气冲）步骤中，砂层中污染物得到充分松动和擦洗，为气水洗做好准备。

（4）气水洗、水大洗时间设定参数的合理设置。在气水反冲洗滤池设计中，反冲洗强度是决定滤池再生效率的最重要参数，在反冲洗过程中，其滤层呈微膨胀状态，反冲洗后滤砂不会出现分层，表明反冲洗强度合适。但仅有合适的反冲洗强度而冲洗时间不足时，也不能充分洗掉包裹在滤料表面的污染物，甚至无法置换反冲洗废水，导致污染物重返滤层，滤层表面易产生泥膜，因此只有配以合适的反冲洗时间，滤池再生才能彻底。

四、注意事项

（1）因滤池的自动化程度相对较高，应充分避免滤池的参数设置不合理，导致滤池运行异常。

（2）各组滤池液位计零点及准确度应定期校正，避免因液位计不准确而造成滤池过滤水量不一致。

子任务 4.3 滤池自动运行异常处理

一、任务概述

熟悉滤池自动运行的异常现象和引起异常现象的原因，重点学习和掌握异常的解决方向和方法。

二、准备工作

1. 知识准备

（1）滤池的规范化运行状态；

（2）熟悉滤池可能发生的异常现象。

2. 实训场地

中控室和设备安装现场。

3. 实训设备

（1）中控室上位机系统；

（2）滤池配套设备，主要包括鼓风设备、反冲洗水泵、各类开关型阀门、产水调节阀等。

4. 安全事项

及时排查发生异常的原因，排除可能引起异常的风险及隐患。

三、方法步骤

滤池自动运行常见异常和处理：

表 4.3-1 列出了滤池自动运行过程中比较常见的异常现象，同样列出了相关的解决方

法。表中所列出的解决方法可能因滤池设备使用类型不同而略有不同，生产人员应根据具体情况确定。

表 4.3-1　滤池自动运行常见异常及处理

异常名称	异常原因	解决方法
滤池排水渠道溢流	1. 排水渠道不通畅； 2. 各组滤池反冲洗过于集中，排水量过大	1. 检查排水渠道； 2. 重新调整各滤池反冲洗间隔
滤池恒液位失效或波动较大	1. 液位传感器损坏； 2. PID 参数设置不合理； 3. 产水调节阀动作不正常	1. 检查液位传感器，超声波传感器应重点检查现场是否有异物（如蜘蛛网）遮挡，静压式传感器应重点检查有无异物（如污泥）堵塞； 2. 重新整定 PID 参数； 3. 检查产水调节阀，对于气动调节执行器，应重点检查气源问题，有些现场会出现气源不洁净，导致执行器动作异常的情况
过滤周期过短	待滤水中过多的悬浮固体	检查待过滤水，提高沉淀水质量
反冲洗不充分	反冲洗不彻底	增加 1 次或多次的连续反冲洗
反冲洗期间滤砂损失	1. 反冲洗流量过大； 2. 堰的平整度； 3. 表面扫洗水流过大	1. 降低反冲洗强度（流量）； 2. 检查堰口是否平整，如不平将其磨平或抹灰； 3. 检查水流，必要时降低水流
气冲不正常	1. 滤头阻塞； 2. 滤头损坏； 3. 密封缺陷； 4. 滤板漏气	1. 清洗或更换有缺陷的滤头，并更换垫圈； 2. 更换滤头并换新垫圈； 3. 将有缺陷的密封周围的砂移开，重新密封； 4. 对泄漏部分进行抹灰处理
过滤启动时水头损失变化不正常	1. 过滤速度改变； 2. 滤砂被藻类或有机物淤塞	1. 检查澄清水进入滤池时是否均匀，检查工作中滤池的数目； 2. 在沉淀池进行加氯处理

四、注意事项

（1）滤池的运行相较于其他工艺处理单元，较为复杂，所涉及的设备较多，特别是阀门（电动或气动）类设备，因此生产人员应加强阀门类设备的维护和保养。

（2）滤池的产水调节阀属于调节型阀门，要求控制精度较高，设备异常后造成的影响也较大，需要生产人员定期进行开度校准，要求给定和反馈误差在一定范围内。

（3）应特别关注滤池的跑砂异常，检查滤头的完整性，调整合适的反冲洗强度，保证滤池的正常过滤和反冲洗。

子任务 4.4　分析反冲洗效果并调节反冲洗参数

一、任务概述

掌握滤池反冲洗效果的判定标准，了解反冲洗参数的通用设计标准范围，并掌握反冲洗参数的调整方法。

二、准备工作

1．实训场地
中控室。

2．实训设备
（1）中控室上位机系统；
（2）滤池系统。

三、方法步骤

1．滤池反冲洗的影响因素及重要标准

根据冲洗理论与实际水处理经验可知，V 形滤池反冲洗效果受冲洗强度、冲洗时间、反冲洗周期等因素的影响较为明显。当前，衡量 V 形滤池水处理效果的重要标准是污水处理厂反冲洗排水浊度<10 NTU，反冲洗后滤料含泥量<0.2%，滤料含泥量明显下降，滤池不存在明显跑砂现象等。

2．常规的反冲洗参数设置

V 形滤池反冲洗周期通常为 24～48 h，反冲洗方式为气水同时冲洗。以下简要介绍反冲洗强度的标准值（仅作参考），具体见表 4.4-1，反冲洗强度和时间都可根据工况做出调整。

表 4.4-1　滤池反冲洗标准强度和时间

气冲洗		气水同时冲洗			水大洗	
强度/ [L/（s·m²）]	冲洗时间/ min	气强度/ [L/（s·m²）]	水强度/ [L/（s·m²）]	冲洗时间/ min	强度/ [L/（s·m²）]	冲洗时间/ min
13～17	4～8	13～17	6～8	4～8	6～8	3～5

3．反冲洗强度和时间的调整

在反冲洗强度处于较低水平的条件下，滤池出水质量、滤料再生等标准均难以实现。生产人员需结合实际试验结果，调整气洗和水洗的强度，如反冲洗效果不理想，可适当加大反冲洗强度。

但应注意，过高的冲洗强度下，气水联合冲洗（混冲）阶段部分滤池会有跑砂现象发生，特别是滤池中加有一定厚度细砂的滤池，该细砂对提高滤后水质有明显效果，但对于过小的细砂，加大冲洗强度后有可能会导致砂粒流失。

在滤池的实际运行过程中，为取得最佳的反冲洗效果，生产人员应结合具体的试验结果做出调整，可结合表 4.4-2 对各组滤池的反冲洗参数进行最终确认。

表 4.4-2　各组滤池反冲洗参数

反冲洗各阶段时间/min			滤料含泥量/%		滤池过滤周期/h	水冲排水浊度/NTU			
气冲	气水冲（混冲）	水冲	前	后		2 min	3 min	4 min	5 min
2	3	5	0.223	0.182	48	13.2	6.1	2.8	2.6

四、注意事项

反冲洗参数的标准值参考设计规范，应根据工况做出适当调整，但应避免反冲洗参数的过调，特别避免跑砂现象。

任务小结

通过本任务的学习和实训，熟悉过滤系统自动运行与调控方法，重点掌握滤池的规范化标准运行状态，通过设置合理的控制参数，尤其是反冲洗参数，通过分析反冲洗时间、过滤周期、气水反冲强度对于冲洗效果的影响，调整和优化反冲强度，维持合理的过滤周期与反冲洗时间，以取得理想的滤后水处理效果。

任务练习

（1）滤池的反冲洗系统启动的条件和优先级是什么？

（2）简述滤池的反冲洗的阶段和基本步骤。

（3）简述过滤时间参数合理设置的必要性。

（4）简述反冲洗期间滤砂损失异常的原因和解决方法。

扫码提问
AI技能培训助手
运行操作准备
水处理工艺
水质指标监测

集中控制系统运行分析与调度

扫码提问
AI技能培训助手
I 运行操作准备
I 水处理工艺
I 水质指标监测

学习目标

一、知识目标

学习掌握集中控制系统上位机画面联动应用场景、用途，学会操作联动画面，熟悉联动画面的制作过程。

二、技能目标

对自动控制系统的运行具备基本的分析和故障判断能力，具备基本的自动控制系统的设计能力。

项目综述

本项目包括 3 项工作任务，分别是集中控制系统上位机画面联动操作、集中控制系统运行分析与调度、集中控制系统工艺异常分析处理。

任务 1　集中控制系统上位机画面联动操作

📊 任务目标

（1）会按照水量、水质参数等要求通过上位机画面调控工艺设备运行状态，并填写运行记录；

（2）能通过上位机画面调用视频监控画面，并调整视频监控范围；

（3）能区分画面报警信息并快速定位监视、控制对象；

（4）会设置视频画面与设备报警信号联动。

📁 任务综述

本任务包括 4 项工作子任务，分别是通过上位机画面调控工艺设备运行状态，通过上位机画面调用调整视频监控画面，区分画面报警信息并快速定位监视、控制对象，设置视频画面与设备报警信号联动。

🗄 实训设备

运行中控程序的计算机 1 台。

📎 任务实施

子任务 1.1　通过上位机画面调控工艺设备运行状态

一、任务概述

通过本节学习熟练掌握集中控制系统设备运行状态监视，掌握设备状态指示信号，学会设备启停运行操作。

二、方法步骤

根据水质水量要求调控工艺设备运行状态，是污水处理厂运行值班人员的必备技能。水量的调控主要靠提升泵进行调节，下面以进水提升泵为例，介绍如何通过上位机画面，调控工艺设备的运行状态。

通过图 1.1-1 提升泵操作画面的启停按钮可远程启动停止提升泵；通过提升泵运行参数、故障报警指示等可监视设备运行状态；通过调整设备频率可控制设备运行转速；通过操作记录和启停记录可查询设备历史操作情况。

图 1.1-1　提升泵操作画面

1．提升泵操作画面构成

（1）设备基本信息区。""是设备基本信息区，显示设备名称、设备信息卡按钮图标。点击""查看此设备固定资产编号、关键技术参数及额定值等信息如图右侧""。

（2）设备操作按钮区。""是设备操作按钮区，显示启动、停止、超时复位、手动/自动转换按钮，具有自动运行功能时显示"手动 自动"图标。同时显示当前按钮状态，"灯亮"表示此按钮动作并保持，反之表示此按钮未动作。

（3）设备调节区。"反馈频率 49.9 Hz 设定频率 Hz"是设备调节区，显示调节参数名称（频率）、调节给定值和反馈值。单击"给定值"进入参数设定页面。

（4）设备状态区。"远程 故障 超时 断路器故障"是设备状态区，显示提升泵远程/就地状态、综合故障、超时等状态，以及此设备细分故障状态。

（5）设备操作记录区。"操作记录 启停记录"是设备操作记录区，包括操作记录和启停记录两个按钮，单击"操作记录"可查看此设备通过上位机人工远程操作的记录，包括操作人、操作时间、操作内容等，也可查询历史记录；单击"启停记录"可查看此设备启动和停止的记录，不分操作方式是远程还是就地，包括启停时间、启动或停止等，也可进行历史记录查询。

（6）设备电量参数区。"Uan 232.80 V Ubn 233.30 V Ucn 233.90 V Ia 204.80 A Ib 206.32 A Ic 205.92 A"是设备电量参数区，显示三相电压、三相电流、功率、累计电量等实时参数值。

2. 提升泵运行操作

（1）打开上位机进水提升泵操作画面，检查监控面板"远程"灯亮，表示电控箱转换开关在"远程"位置；检查"故障"告警指示灯不亮；

（2）操作画面转换开关有"手动/自动"两个位置，点击"手动"位置，表示处于"远程手动"模式，操作人员通过中控室上位机操作界面对水泵进行启停控制；

（3）点击设备操作按钮区"启动"按钮启动水泵。"启动"绿灯亮，电流、电压、功率等运行参数发生变化；

（4）水泵启动后可通过设备调节区设定频率，调节水泵转速，调节流量；

（5）点击设备操作按钮区"停止"按钮停止水泵。启动绿灯灭，停止红灯亮；电流、功率下降到零。

三、注意事项

（1）超时指示灯是指远程启动按钮操作 3 s 后设备未运行，则超时指示灯亮，报超时故障；故障处理完成后，按"超时复位"按钮，则超时指示灯熄灭。

（2）操作画面转换开关有"手动/自动"两个位置，"手动"是指远程遥控开停设备；现场电控箱的转换开关"手动/遥控"的"手动"是指用电控箱上的按钮开停设备。两个"手动"含义是不同的。

子任务 1.2　通过上位机画面调用调整视频监控画面

一、任务概述

通过本节学习通过集中控制系统上位机画面调用以及调整视频监控画面，达到中控信号与视频监控图像、声音同步监视，最大限度再现工艺设备运行现场景象。

二、方法步骤

下面通过一个典型的工艺设备画面操作来学习视频监控的调用。图 1.2-1 是某厂的总览画面，画面显示厂区所有构筑物和工艺设施，在画面中还包含若干个摄像头图标" "，点击摄像头图标系统会弹出视频图像窗口，查看现场视频画面。

图 1.2-1　上位机视频监控画面调用

1. 设备视频画面调用

点击图 1.2-2 消毒池摄像头，系统弹出消毒装置视频图像窗口，如图 1.2-2 所示，在窗口右侧，有摄像头操作按钮，通过这些按钮的操作，可以远程控制摄像头。

图 1.2-2　紫外消毒池监控画面调用

（1）若摄像头为枪机，则通过"焦距变大、焦距变小、焦点前调、焦点后调、光圈增大、光圈减小"按钮控制摄像头拍摄远近不同的画面并调整画面亮度和清晰度。

（2）若摄像头为球机，则除了跟枪机一样调整图像焦距外，还可以操控摄像头 360°旋转，通过"左上、右上、左下、右下、上仰、下俯、左转、右转"按钮可以控制摄像头拍摄不同角度的画面。

2. 工艺段视频画面调用

在各工艺段的监控画面中，除了设备、设施的监控信息外，大多也包含关键部位的视频图标，点击视频图标即可调出该部位的视频窗口，并可以通过视频窗口的操控按键远程控制摄像头动作。

三、注意事项

（1）关键设备启动时，视频画面会自动弹出。

（2）设备启停前后，或视频巡检以及有人现场作业时，集中控制当班人员手动点击视频图标，可查看现场视频画面。

子任务 1.3 区分画面报警信息并快速定位监视、控制对象

一、任务概述

通过本节学习熟练掌握集中控制系统报警处理程序，学会发现异常报警后快速定位异常对象，灵活运用集中控制平台工具了解异常现象，做出准确判断后采取进一步措施。

二、方法步骤

1. 设备异常查询的功能

可通过设备异常查询窗口，查询设备的报警信息，功能菜单：工艺运行—异常上报—设备异常查询，如图 1.3-1 所示。通过报警工具记录设备的故障状态，可分为通知单页面与实施单页面。

图 1.3-1 设备异常查询

在通知单页面中可以查看记录的通知单号，并且可以通过特定的通知单号来查询其对应的记录，如图 1.3-2 所示。

图 1.3-2 异常情况的上报

2. 报警信息的分类及处理方法

要做到快速区分和判断画面报警信息，必须熟练掌握各类信息种类及来源，明确各类异常信息对应的控制对象。

报警信息记录厂内发生的各类异常报警提醒记录，方便快捷地查询仪表和设备运行情况的历史报警信息，可根据日期和变量名称进行历史报警信息的过滤查询，为故障统计分析提供参考依据。

可针对发生的故障报警信息进行初步判断原因分析，提供解决方法。报警提醒通过测量点模块按不同报警分类进行预设。

常用报警的处理方法。

（1）仪表上下限、上下极限、数据停滞报警，如图 1.3-3 所示。

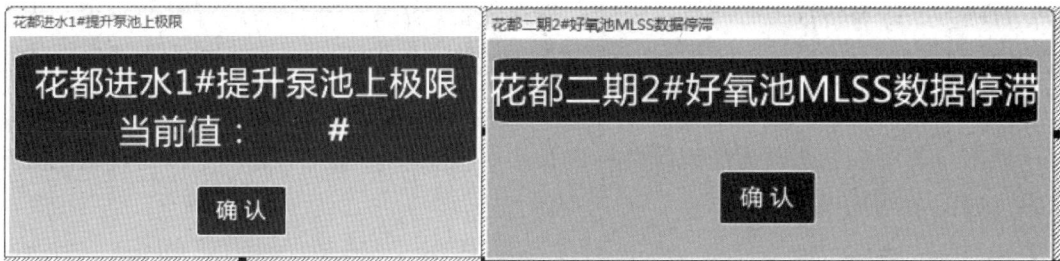

图 1.3-3 极限、数据停滞报警

解决方法：若为上下限、上下极限报警，首先找到仪表所在工艺段画面，判断当前值是否超过正常范围，若超过正常范围，则进行相对应的操作消除报警，若处于正常范围内，则有可能是报警设置不合理，可在总表内修改设定值，如图 1.3-4 所示。

进水区							
仪表名称	瞬时值	量程下限	量程上限	下极限	下限	上限	上极限	单位
1#粗格栅液位差	#							m
2#粗格栅液位差	#							m
1#提升泵池液位	#							m

图 1.3-4　报警设置值画面

若为数据停滞报警，则是现场值在长时间内停滞不变，需检查仪表与上位机连接是否正常。

（2）紧急报警，如图 1.3-5 所示。

图 1.3-5　紧急报警确认窗口

解决方法：紧急报警为现场按下紧急报警按钮后会弹出的报警弹窗，需联系现场解决相应问题。

（3）画面上出现黄色三角叹号，如图 1.3-6 所示。

解决方法：设备维护时间已超报警，需在设备总表中查看设备运行时间是否超出设定维护周期，在完成设备维护后清零累计运行时间可消除该报警，如图 1.3-7 所示。

（4）通过视频查看现场设备运行情况。当提示某台设备，如粗格栅、提升泵报警时，可以点击查阅对应工艺段旁的视频图标进行实时浏览现场视频，进一步判断设备的运行状态，如图 1.3-8 所示。

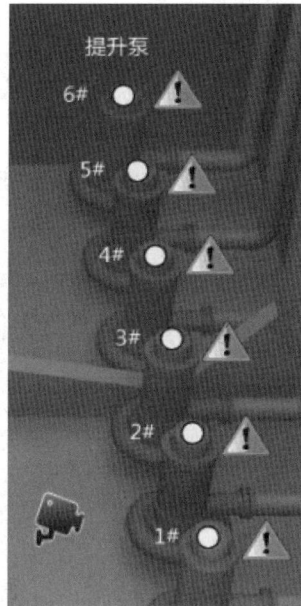

图 1.3-6　维护报警窗口

设备名称	运行状态			需维护	启动次数	运行时间(h)	维修设定(h)	维修清零
1#吸泥机	遥控	就地	故障	●	#	#		清零

图 1.3-7　维护报警参数设定

图 1.3-8　通过视频查看设备状况

三、注意事项

（1）运行值班人员应熟练掌握报警分级及处理程序，发生异常报警时按程序立即处理。

（2）报警设定值不得随意改动，确需改动的应按照规定由授权人更改。

子任务 1.4 设置视频画面与设备报警信号联动

一、任务概述

通过本节学习掌握视频画面与设备报警信号联动的配置方法。

二、准备工作

1. 知识准备

（1）熟悉集中控制系统上位机画面中设备操作、查看所操作设备相应的场景视频画面；

（2）熟悉设备报警触发机制及连锁动作；

（3）熟悉集中控制系统数据报警的查看方式。

2. 实训场地

中控室。

3. 实训设备

中控室上位机集中控制系统。

三、方法步骤

1. 工作场景

在少人、无人值守的污水处理厂内，安装了大量的监控终端、数据采集以及视频音频采集监测设备，在传统的系统中，自动控制信号、视频信号分别通过不同的网络通道传输到中心控制室。在集中控制系统实施以前，常规情况下操作人员通过不同的系统来完成视频监视和设备的操控动作，当某一台设备发生故障，或者启停操作重要设备时，为确保反馈信息准确或者操作执行到位，值班人员在操作后或发现自动控制系统发出报警信号时，需要通过就近的视频监视画面确认该设备状态，从而判断是否需要进一步操作或到现场诊断排除故障。

将设备故障信号或者启停信号与视频信号联动，即重要设备启停或故障时自动调出相应的视频图像，会大大方便值班人员操作，便于快速响应现场的应急突发状况。

因此，学会使用和配置报警信号触发相应的画面联动，对于智能污水处理厂运行高级工来讲是一项非常重要的技能。

2．实现方法

在报警信号触发（或设备状态信号改变）之后，集中控制系统上位机 SCADA 将信号发送到综合信息平台，由平台搜索是否有相应的摄像头已配置，如有则将摄像头信号送到上位机，在当前的 SCADA 画面中弹出视频显示画面（图 1.4-1）。

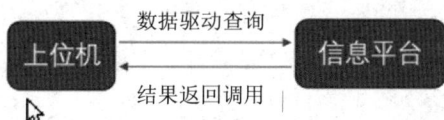

图 1.4-1　视频实时图像显示触发过程

3．操作步骤

（1）用具备高级配置权限的账号登录集中控制系统，确保操作人员具有相应的配置权限。

（2）进入集中控制系统配置界面，打开报警与视频联动配置窗口。

（3）配置触发条件。如图 1.4-2 所示，选择触发信号，触发信号可以是一个开关变量（"0"或"1"），例如，选择"粗格栅 2#运行"，也可以输入 1 个逻辑运算表达式，例如，"液位值＞3.0"，当逻辑判断表达式成立，则满足触发条件。

图 1.4-2　视频实时图像显示

选择完毕后，点击"确定"。

注意条件表达式输入时需要按照规定的语法规则，否则系统会报错。

（4）选择弹出窗口关联的视频画面。从下拉列表选择与该报警信号相关的视频摄像机。点击"确定"，配置完成。

关闭配置窗口，配置完成。当 2#粗格栅启动运行时，系统会自动弹出如图 1.4-3 所示的视频窗口，不需要值班人员人工调用或查看操作其他系统视频画面。

图 1.4-3　视频实时图像显示

四、注意事项

（1）视频画面与设备报警信号的联动设置对操作人员技能要求较高，需要熟悉集中控制系统变量表中相关变量符号、变量名称及其含义、熟悉 SCADA 软件中函数的功能及使用方法、现场摄像头安装位置及显示内容、常见报警及关键设备与摄像机对应关系。

（2）视频画面与设备报警信号联动设置一般由专人负责，其他人员不得随意更改设置。

任务 2　集中控制系统运行分析与调度

任务目标

（1）熟悉区域集中监控系统及区域中心集约化运营管理平台的生产监视和操作、污水处理厂智能巡检、工艺异常报警处理、设备异常报警处理、设备经济运行监控，智能加药系统监控运行、工单管理、异常报警信息管理等。

（2）掌握区域集中控制中心监控值班人员职责及分厂执行岗位职责。

（3）学会通过集中控制系统运行状态，特别是通过对异常情况的判断分析及处理结果的跟踪，达到及时调控工艺运行和设备运行，保证污水处理厂的工艺运行效果。

任务实施

子任务 2.1　多个污水处理厂集约化监控规程

一、任务概述

区域集中控制中心是生产运行的核心执行机构，负责区域各厂日常的生产监控和生产调度工作；负责区域集中监控系统及区域中心集约化运营管理平台的生产监视和操作、水厂智能巡检、工艺异常报警处理、设备异常报警处理、设备经济运行监控，智能加药系统监控运行、工单管理、异常报警信息管理等。

掌握区域集中控制中心监控值班人员职责及分厂执行岗位职责。

二、准备工作

1．知识准备
熟悉区域集中控制中心系统功能和运行值班工作内容。

2．实训场地
（1）区域集中控制中心；
（2）分厂厂区。

三、方法步骤

1．区域集中控制中心监控值班人员职责
（1）执行集中控制系统管理工作的相关制度和规定。

（2）交接班、集中控制监视、设备操作、异常处理、工艺调整、视频巡检，中控曲线标注、值班记录等。

（3）运行监视。集中控制中心运行值班人员通过集中控制画面同时监视多厂进出水水质、进出厂流量等重要参数，以及重要设备的状态。

（4）设备操作。集中控制中心运行值班人员统一操控区域各厂的设备、仪表参数调控等，按分厂设备调整申请及时完成设备调整。

（5）巡检、安防监视、门禁控制。集中控制中心运行值班人员通过巡检系统调度生产巡检人员，安排临时任务，监视巡检轨迹，与巡检人员进行信息沟通。集中控制中心运行值班人员通过安防、门禁系统监视厂区异常情况，对外面来访人员进行甄别，监控进出大门人员。

（6）异常处理及异常上报，报警异常分类管理。对监控系统报警信息，如水质告警、水质超标；仪表数据停滞、电气、PLC 等报警信息，应统一分析判断后，及时调整数据上下限的标准；通过系统平台发送相关工单及任务给相关部门人员处置，并跟进落实情况。

（7）工艺调整。通过区控中心运营管理平台及时按目标指标完成情况及出水水质情况调整生产工艺；对上级下达的工艺调整按任务要求完成生产工艺调整，形成工艺调整单。

（8）生产指标控制。按运营管理平台下达的生产指标处理水量、泥量以及电耗、药耗进行实时监控，每天完成处理水量、泥量任务，并降低生产成本。

（9）环保对标。通过集中控制系统生产运行监测分析软件对环保核查水质参数、曲线进行异常分析，发现异常及时在曲线中标注原因和处理结果。

（10）工单管理。对工艺异常、设备异常情况及时下发临时任务及工单任务给相关部门及工作人员；及时接收集中控制中心各项临时任务并反馈。

（11）集中控制中心化验巡检班负责日常化验、巡检、过程仪表日常维护、化验数据录入。

（12）通过设备经济运行系统及时调整提升泵、风机等的运行操作；及时调节各厂智能加药系统。

（13）集中控制中心负责对监控系统及平台运行中的问题进行汇总并及时向维护部门反馈，并跟进落实。

2．分厂运行值班岗位职责

（1）严格遵守集中控制中心有关管理制度。

（2）常规巡检早、晚班各巡视 1 次，雨季等特殊情况，应增加巡视次数。临时巡检根据下发要求执行。

（3）严格执行设备操作规程，正确使用、操作设备，保证设备使用安全。

（4）严格按照巡检任务，按时按程序巡视设备、设施，保证设备、设施运行安全，发现问题及时处理和上报。

（5）对下发的运行巡检任务中的每个巡检点必须用移动端进行扫码确认。

（6）对下发的任务，按时按程序完成，并通过移动端提交任务完成情况。

（7）在值班时处理的问题应及时用移动端做好工作记录。

（8）白班值班时对于集中控制 SCADA 推送的运行类异常需及时处理，可以现场解决的处理完成后填写工作记录，无法处理的问题根据问题类型填写异常通知单或维修通知单。

（9）夜班执行移动端或电话值班，保持移动端或电话通畅，当发生一级运行类报警时应立即到现场处理。

（10）严格遵守各项安全技术规程，杜绝违章操作。

（11）发现问题、事故应及时处理上报，听从领导调度，做好相应记录。

（12）巡视中注意安全，严禁打闹嬉戏。

（13）对可能出现异常情况在规定时间的间隔内增加巡视。

四、注意事项

（1）集中控制中心中控室运行值班人员工作前，必须穿戴好工作服，佩戴工作证，检查计算机运行是否正常。

（2）严禁带未成年人进入中控室，严禁穿高跟鞋、赤脚、赤膊、敞衣、戴头巾（围巾）进行操作，严禁饮酒后上班。

（3）上班时间必须集中精力，坚守岗位，严禁擅离工作岗位或私自换班（岗）工作；

严禁抽烟、打闹、睡觉；严禁做与本职工作无关的事；非因工作关系，严禁到其他部门（岗位）串岗。

（4）无关人员严禁进入中控室。

（5）中控室内严禁烟火，所有设备、器具严禁自行拆除、搬动。

（6）中控室内严禁带入易燃、易爆和有毒物品，不得在机房内堆放杂物，机器上禁放任何物品。

（7）严格执行交接班制度。接班人员必须提前 10 min 到岗，交班人员对异常情况应作重点详细的介绍，做到职责明、情况清、记录详。

（8）坚持"安全第一、预防为主"的安全生产工作方针，保证生产安全。

（9）中控值班人员应严格执行《自动控制系统运行操作规程》，正确使用、操作计算机，保证计算机使用安全。

（10）遵守安全生产守则和防火安全管理规定。

（11）生产用计算机严禁私自安装软件和运行各种游戏程序，不得随意删除硬盘上的文件。

（12）确保中控室内干净、整洁，资料摆放整齐。

（13）做好中控室清洁卫生工作，不乱扔废弃物，保持环境清洁卫生。

子任务 2.2　集中控制系统调度处理工艺运行异常

一、任务概述

了解区域集中控制中心中控与分厂工艺运行异常的处理流程，并熟知工单下达的流程。

二、准备工作

1．知识准备

（1）熟悉厂区工艺运行标准、规范；

（2）了解各工艺单元的异常处理流程。

2．实训场地

中控室集中控制系统。

3．实训设备

（1）区域集中控制中心操作计算机；

（2）巡检手持智能设备等。

三、方法步骤

1．运行异常上报流程

区控运营管理平台工艺异常上报流程如图 2.2-1 所示；巡检终端运行异常上报流程如图 2.2-2 所示。

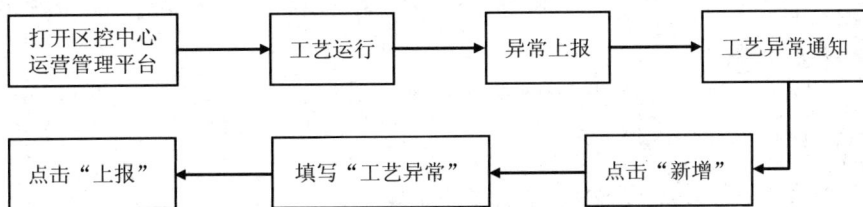

图 2.2-1　区控运营管理平台工艺异常上报流程

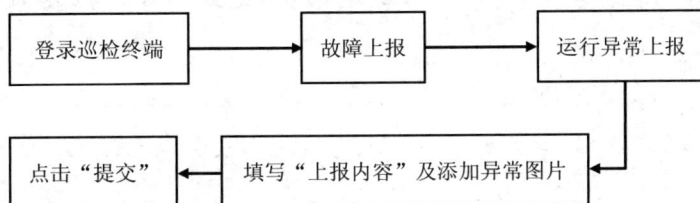

图 2.2-2　巡检终端运行异常上报流程

2．运行异常上报操作步骤

区控中心运营管理平台工艺异常上报和通知步骤如图 2.2-3 和图 2.2-4 所示标注的操作点位顺序：

（1）打开区控中心运营管理平台；

（2）点击"工艺运行"；

（3）点击"异常上报"；

（4）点击"工艺异常通知"；

（5）点击"新增"按钮；

（6）填写"工艺异常"；

（7）点击"上报"按钮。

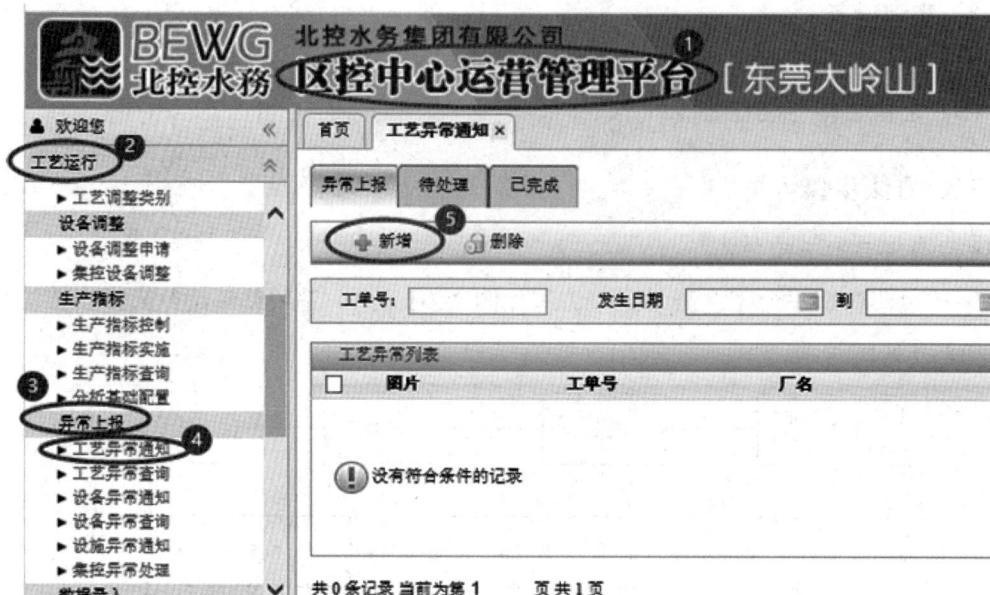

图 2.2-3　工艺异常上报操作点位顺序

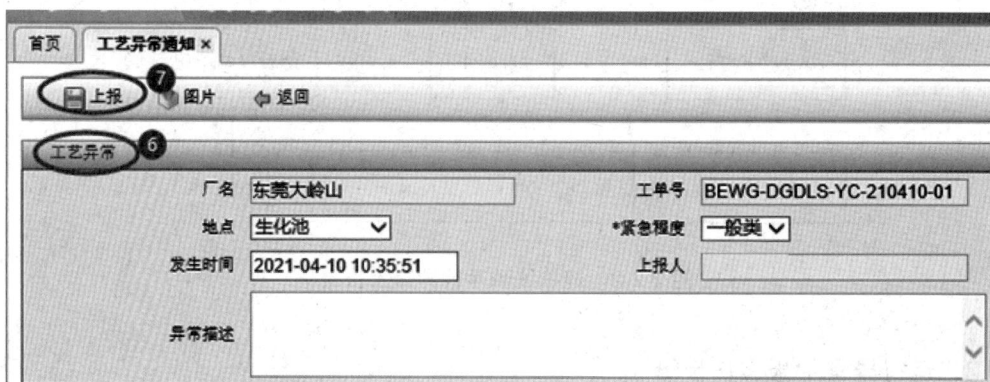

图 2.2-4　工艺异常通知操作点位顺序

3．巡检终端工艺运行异常上报操作步骤

巡检终端工艺运行异常上报步骤如图 2.2-5 所示。

（1）登录巡检终端；

（2）点击"故障上报"；

（3）点击"运行异常上报"；

（4）填写"上报内容"及添加异常图片；

（5）点击"提交"按钮。

图 2.2-5　巡检终端工艺运行异常上报操作

四、注意事项

（1）关注各工艺相关参数的可调整范围，避免超调。

（2）运行值班人员要跟踪各工艺单元异常上报后的处理进展及结果跟踪，避免水质超标风险。

子任务 2.3　集中控制系统调度处理设备运行异常

一、任务概述

了解区域集中控制中心中控与分厂设备运行异常的处理流程，并熟知工单下达的流程。

二、准备工作

1. 知识准备

（1）熟悉厂区设备运行标准、规范；

（2）了解各工艺单元的异常处理流程。

2. 实训场地

中控室集中控制系统。

3. 实训设备

（1）区域集中控制中心操作计算机；

（2）巡检手持智能设备等。

三、方法步骤

1. 设备异常上报流程

区控运维平台设备异常上报流程如图 2.3-1 所示；巡检终端设备异常上报流程如图 2.3-2 所示。

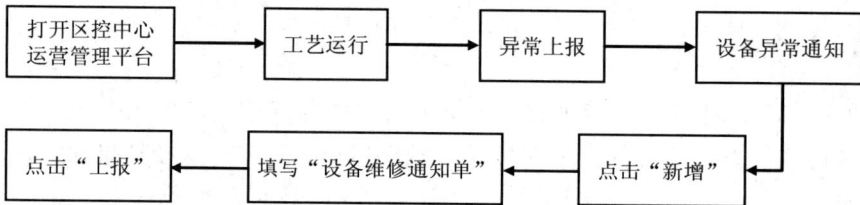

图 2.3-1　区控运营管理平台设备异常上报流程

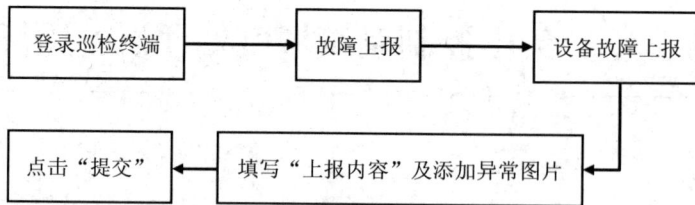

图 2.3-2　巡检终端设备异常上报流程

2. 设备异常上报步骤

区控运维平台设备异常上报和通知步骤如图 2.3-3 和图 2.3-4 所示标注的操作点位顺序：

（1）打开区控中心运营管理平台；

（2）点击"工艺运行"；

（3）点击"异常上报"；

（4）点击"设备异常通知"；

（5）点击"新增"按钮；

（6）填写"设备维修通知单"；

（7）点击"上报"按钮。

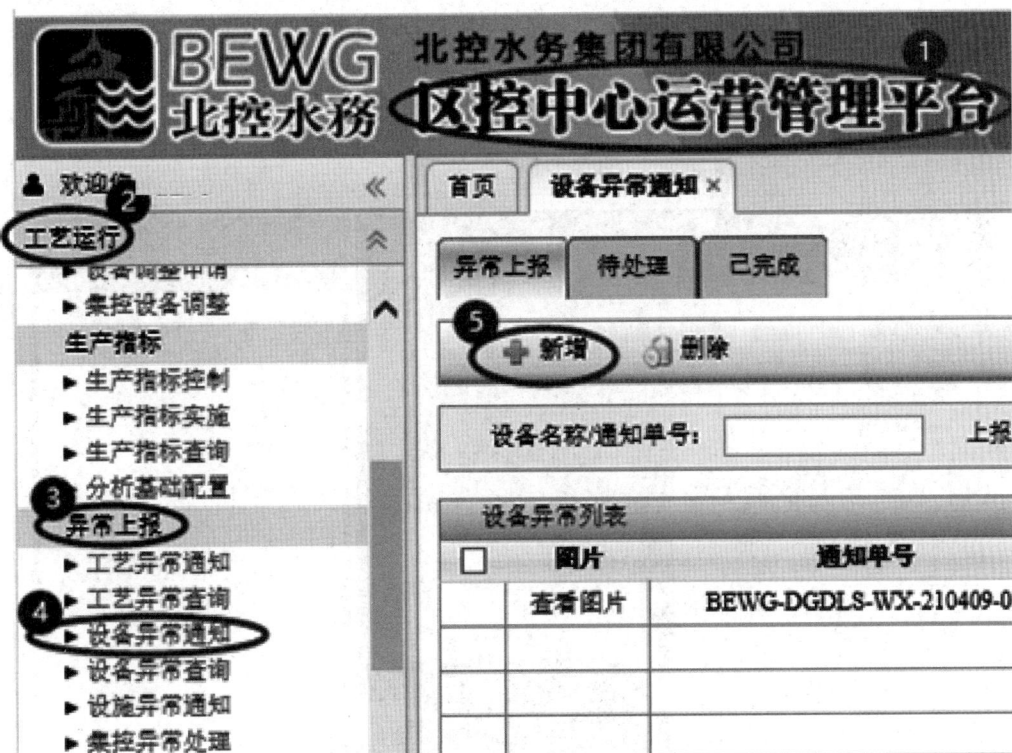

图 2.3-3　设备异常上报操作点位顺序

图 2.3-4　设备异常通知操作点位顺序

3. 巡检终端设备异常上报步骤

巡检终端设备异常上报步骤如图 2.3-5 所示。

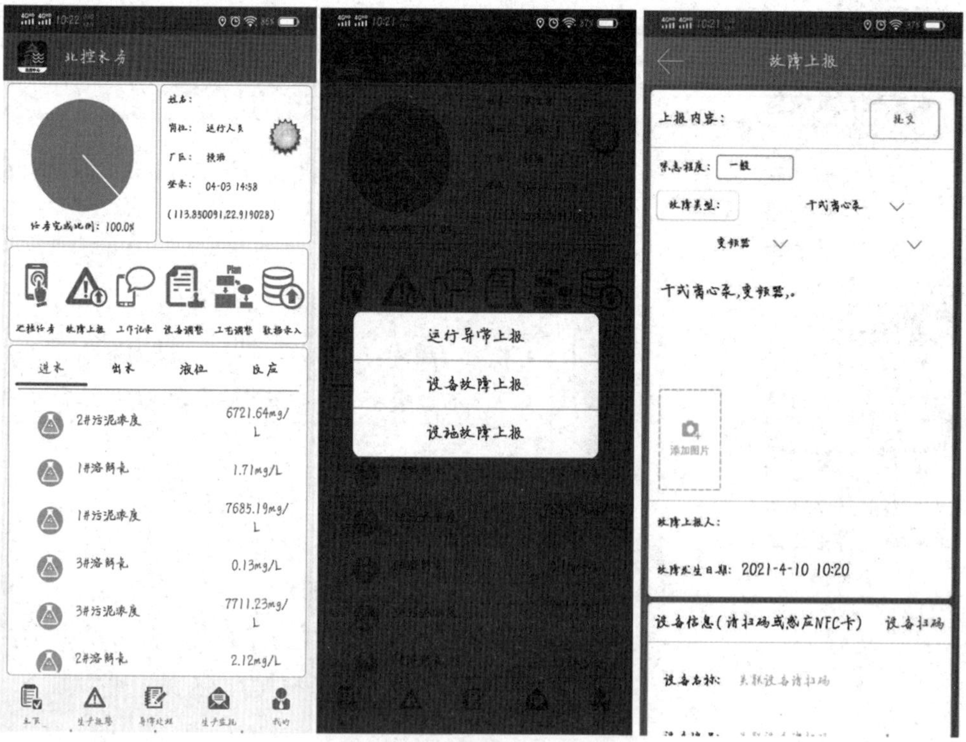

图 2.3-5　巡检终端设备异常上报操作

（1）登录巡检终端；

（2）点击"故障上报"；

（3）点击"设备故障上报"；

（4）填写"上报内容"及添加异常图片；

（5）点击"提交"按钮。

四、注意事项

（1）关注各设备相关参数的可调整范围，避免超调。

（2）运行值班人员跟踪设备异常上报后的处理进展，避免影响生产运行。

子任务 2.4 集中控制系统指挥调度异常处理

一、任务概述

区控中心运行值班人员通过区域集中控制系统处理工艺运行异常或者设备异常，根据异常情况进行相应指挥调度，并跟踪异常情况的处理进度，及时调整污水处理厂工艺、设备运行方式。

二、准备工作

1. 知识准备

（1）熟悉集中控制系统异常情况查看方式；

（2）熟悉集中控制系统异常流程查看方式；

（3）熟悉集中控制系统数据的查看方式。

2. 实训场地

中控室集中控制系统。

3. 实训设备

中控室上位机系统。

三、方法步骤

1. 通过集中控制系统指挥调度工艺运行异常处理步骤

（1）在集中控制中心控制画面收到工艺运行异常通知弹窗并确认，如图 2.4-1 所示。

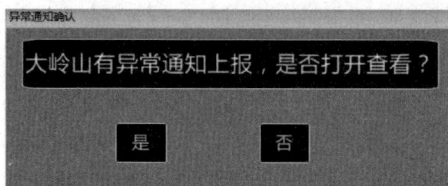

图 2.4-1　异常通知弹窗

（2）操作人员点击"是"后查看异常通知详细情况，异常通知中列出了工艺异常记录的工单号、厂名、上报内容、发生时间、上报人、流程、当前节点等信息。如图 2.4-2 所示。

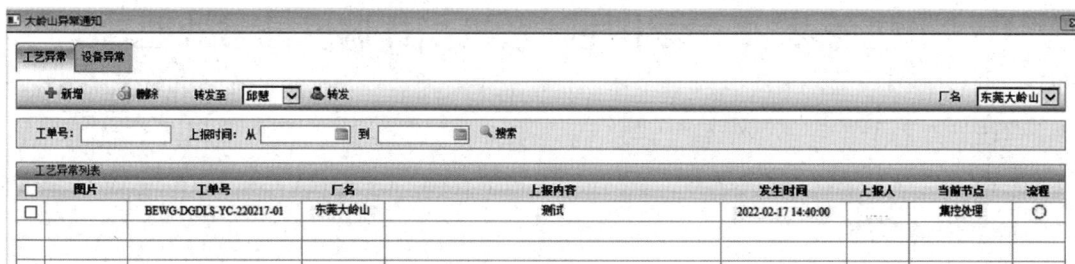

图 2.4-2　工艺异常通知

（3）点击图 2.4-2 工艺异常列表中的某一条异常记录，显示异常记录的详细内容，如图 2.4-3 所示。对异常情况分析判断后可采取的处理方式有 3 种：①"下发"至巡检班执行；②"转发"至区域工程师处理；③消单处理。

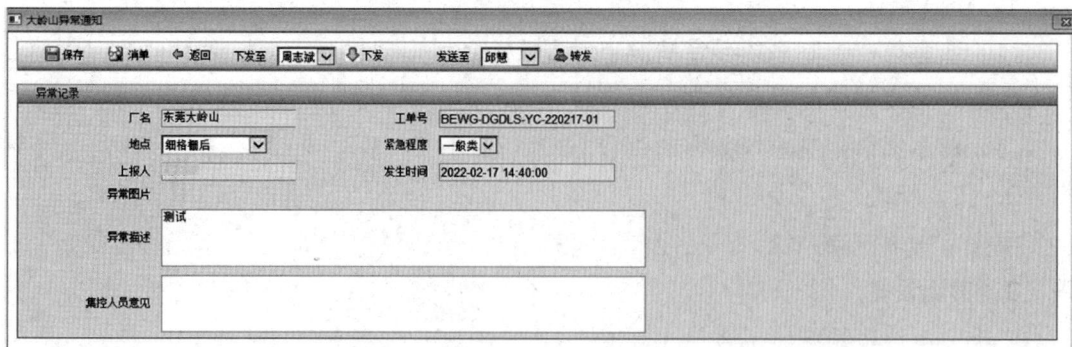

图 2.4-3　工艺异常记录

（4）集中控制中心运行值班人员可以实时跟踪异常处理情况，并根据处理结果进行工艺的调整。异常情况的处理进度查询如图 2.4-4 所示。

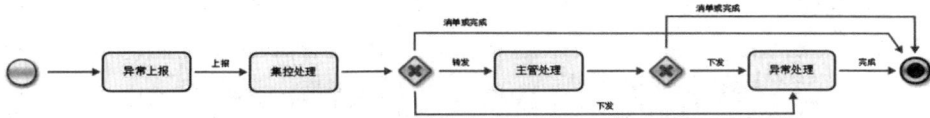

流程信息

发送人	发送时间	下一步处理人	当前状态	处理意见
	2020-11-07 15:15:37		上报(开始)	进水有泡沫
	2020-11-07 15:18:54		集控下发	查看废水肠边有无排水
	2020-11-08 15:53:27		完成(结束)	已查看，没有排水

图 2.4-4　工艺异常处理流程及进展查询

2. 通过集中控制系统指挥调度设备异常处理步骤

（1）在集中控制中心控制画面收到设备异常通知弹窗并确认，如图 2.4-5 所示。

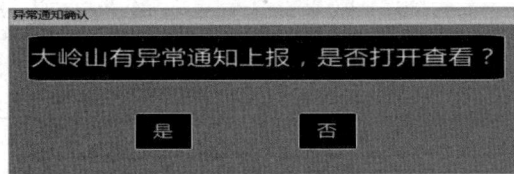

图 2.4-5　设备异常通知弹窗

（2）操作人员点击“是”后查看“设备异常通知”详细情况，设备异常通知中列出了设备异常记录的通知单号、设备名称、上报时间、故障描述、厂名、类型以及流程等信息，如图 2.4-6 所示。

图片	通知单号	设备名称	上报时间	故障描述	厂名	类型	重复数	工作记录	流程
	BEWG-DGCP-WX-220504-01	提升泵房3#提升泵	2022-05-04 20:27:00	潜污泵,变频器..	东莞常平	临时		工作记录	○
	BEWG-DGCP-WX-220503-01	紫外线消毒系统	2022-05-03 10:45:00	紫外线消毒系统,机械部件..	东莞常平	临时		工作记录	○
	BEWG-DGCP-WX-220502-04	1#生化池1-2潜水搅拌器	2022-05-02 16:46:00	搅拌器,机械部位..	东莞常平	临时		工作记录	○
	BEWG-DGCP-WX-220502-02	2#生化池2-9潜水搅拌器	2022-05-02 16:45:00	搅拌器,机械部位..	东莞常平	临时		工作记录	○
	BEWG-DGCP-WX-220502-03	2#生化池2-10潜水搅拌器	2022-05-02 16:45:00	搅拌器,机械部位..	东莞常平	临时		工作记录	○
查看图片	BEWG-DGCP-WX-220502-01	潜水轴流泵	2022-05-02 09:26:00	潜污泵,机械部件..	东莞常平	临时		工作记录	○

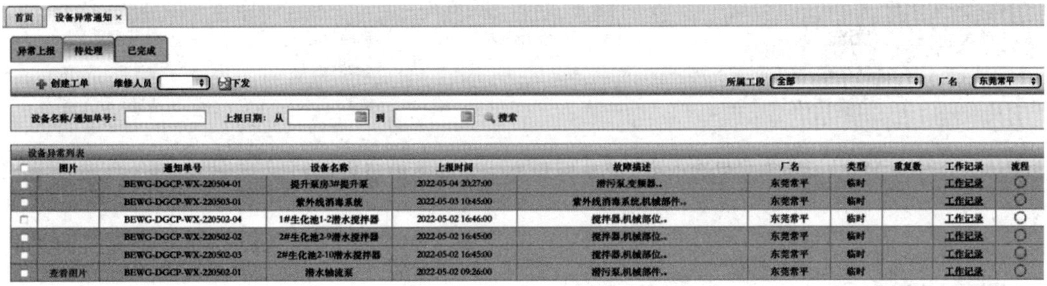

图 2.4-6　设备异常通知

（3）点击图 2.4-2 设备异常列表中的某一条异常记录，显示异常记录的详细内容，如图 2.4-7 所示。对异常情况分析判断后可采取的处理方式有两种：①集中控制人员直接处

理或消单；②"转发"至设备主管处理，设备主管直接处理或生成设备维修通知单下发执行。

图 2.4-7　设备维修通知单

（4）集中控制中心运行值班人员点击异常记录的"流程"栏实时跟踪异常处理情况，并根据处理进展进行设备运行调度。设备异常处理流程和进展查询如图 2.4-8 所示。

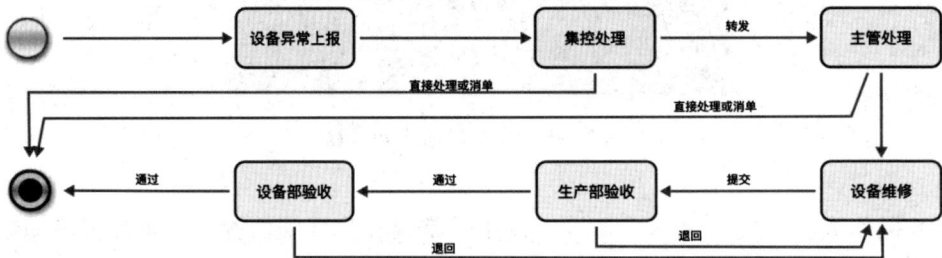

流程信息

发送人	发送时间	下一步处理人	当前状态	处理意见
	2022-05-02 09:24:32		上报(开始)	潜污泵,机械部件
	2022-05-02 09:25:00		转发	请安排人员检修

图 2.4-8　设备异常处理流程及进展查询

四、注意事项

（1）集中控制中心运行值班人员是工艺异常和设备异常处理的指挥调度人员，需熟练掌握异常处理流程和处理方法，确保水厂运行安全。

（2）工艺运行人员和设备维护维修人员需听从运行值班人员调度指令，及时反馈异常处理进度和相关信息，按时完成异常处理任务。

任务小结

通过本任务的学习和实训，熟悉集中控制系统工艺异常和设备异常处理，重点掌握上报流程和处理结果跟踪方法及注意事项，根据实际处理情况及时进行指挥调度。

任务练习

（1）区域集中控制中心监控值班人员职责有哪些？

（2）区控运营管理平台工艺异常上报流程有哪些？

（3）运行异常上报操作步骤有哪些？

（4）通过集中控制系统指挥调度工艺运行异常处理步骤有哪些？

任务 3　集中控制系统工艺异常分析处理

📊 任务目标

（1）会使用运维平台工艺调整功能；

（2）能通过运维平台判断工艺运行异常并发起工艺调整申请；

（3）能通过运维平台分析异常原因并编写一般工艺调整单；

（4）能通过运维平台查询工艺调整单审批、执行、评价进程。

📁 任务综述

本任务包括 4 项子任务，分别是运维平台工艺调整功能、通过运维平台判断工艺运行异常并申请工艺调整、通过运维平台执行一般工艺调整、通过运维平台查询工艺调整执行进程。

🎚 实训设备

集中控制系统上位机 1 台。

📎 任务实施

子任务 3.1　运维平台工艺调整功能

一、任务概述

学会运维平台工艺调整功能的使用，包括功能用途、界面和基本操作。

二、方法步骤

工艺调整功能适用于较复杂工艺运行异常处理，需要工艺工程师对异常进行分析判断、出具工艺调整方案、审批并协同各岗位进行处理的事项。一般工艺调整功能分为工艺调整申请、工艺调整执行、工艺调整查询、工艺调整类别 4 个子菜单，其中工艺调整申请菜单包括申请、分析、审批 3 个流程，执行包括执行过程记录和效果审核 2 个流程，查询为已完成的工艺调整单的历史查询窗口，工艺调整类别为工艺调整类型库窗口。运维平台提供从申请、审批、执行、效果评价全流程管理功能。

1. 运维平台工艺调整功能菜单

打开区控中心运营管理平台（以下简称运维平台），在平台界面左侧菜单"工艺运行"—"工艺调整"中含有"工艺调整申请""工艺调整执行""工艺调整查询"3 个子菜单，如图 3.1-1 所示。

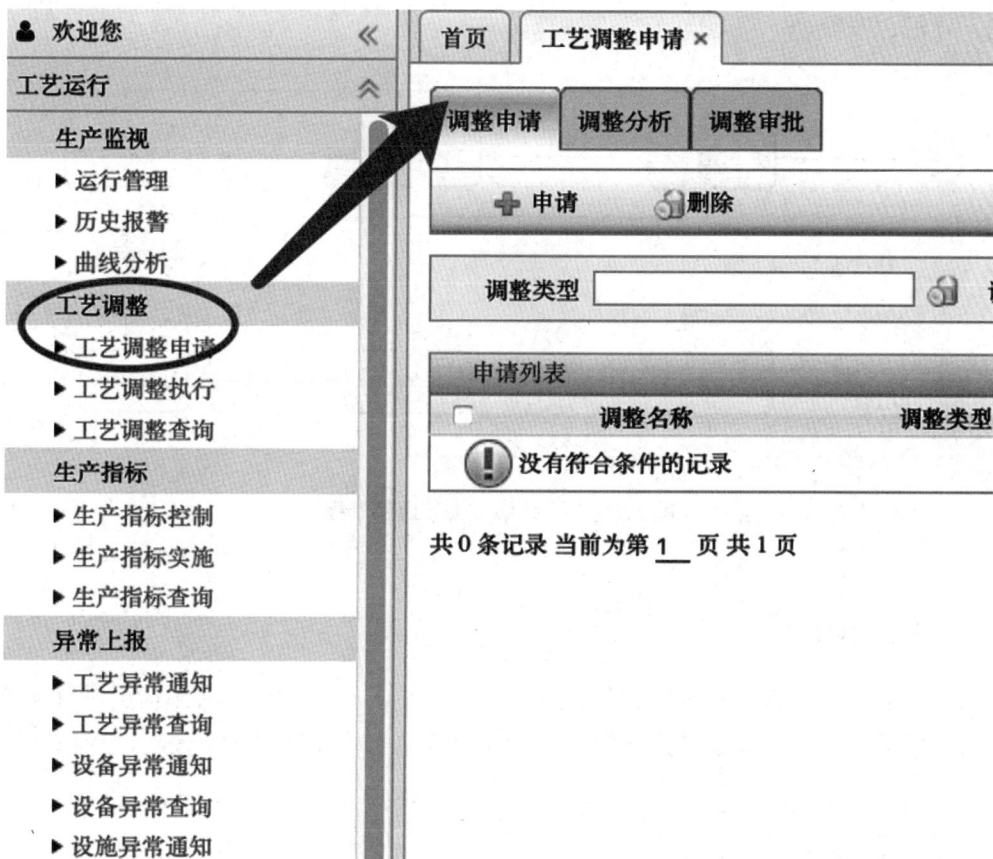

图 3.1-1　运维平台工艺调整功能菜单

（1）工艺调整申请：用于形成一般工艺调整单，包括工艺异常缘由信息、工艺调整分析及内容、工艺调整审批流程及时间节点、发起人员、分析人员、审批人员等。

（2）工艺调整执行：用于工艺调整过程控制，包括工艺调整单执行环节内容、相关人员以及执行效果等。

（3）工艺调整查询：用于对工艺调整记录进行查询、过程分析和评价。

（4）工艺调整类别维护：在"系统管理"界面，由系统管理员对工艺调整类别进行录入、补充、修改。

2. 运维平台工艺调整流程（图 3.1-2）

（1）工艺调整申请：由运行主管或工艺工程师对异常情况确认、分析，形成一般工艺调整申请单，按审批流程完成审批后发布执行。

（2）工艺调整执行：按照工艺调整单要求，由运行值班人员、巡检人员、化验员以及设备管理人员等协同处理，工艺调整单由申请人或分析人组织实施并评价调整效果。

（3）工艺调整查询：工艺调整单实施完成后，形成工艺调整记录，可通过运维平台查询、分析、评价。

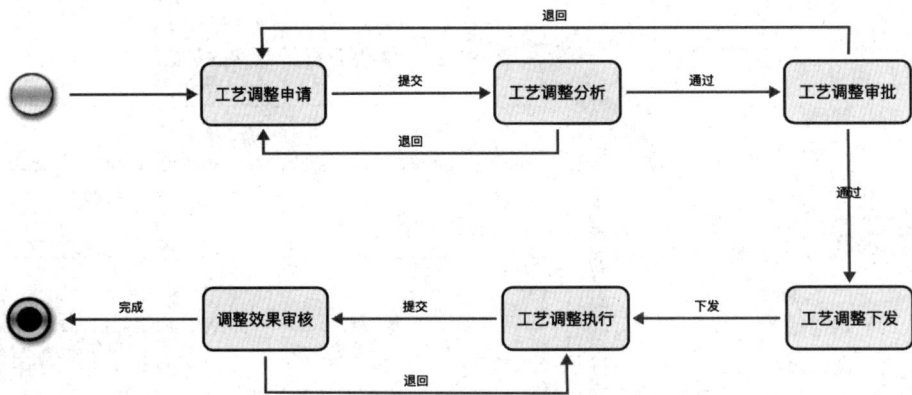

图 3.1-2　运维平台工艺调整流程

三、注意事项

（1）工艺调整审批流程和执行环节责任人可根据各污水处理厂实际情况进行调整。

（2）重大工艺异常需要通过运维平台"应急预案"功能按照应急预案进行指挥调度。

子任务3.2　通过运维平台判断工艺运行异常并申请工艺调整

一、任务概述

学会通过运维平台一般工艺调整类别、工艺异常判断方法，申请一般工艺调整的条件和方法。

二、方法步骤

集中控制值班人员通过集中控制系统监视、告警和视频巡检、现场巡检，发现工艺运行出现异常时，应立即分析判断，按照工艺运行技术规程进行操作处理。如果判断为一般工艺调整，则填报一般工艺调整单并下发处理。运维平台工艺调整申请菜单包括申请、分析、审批3个流程，如图3.2-1所示。

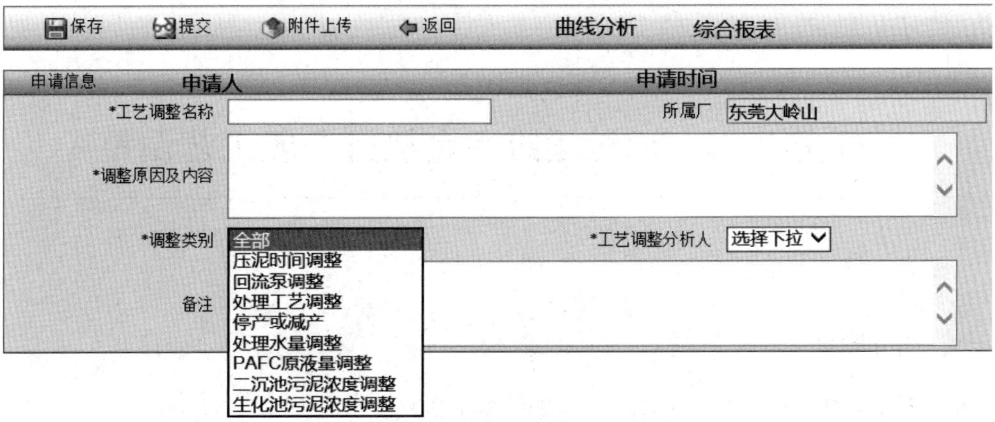

图 3.2-1　工艺调整申请功能界面

1. 工艺调整申请

工艺调整申请单申请人为运行主管或工艺工程师及以上人员，系统在工艺申请窗口嵌入曲线、综合报表、附件上传工具。申请人在申请页面即可完成工艺调整原因填写、调整依据生成等所有相关工作，分析人可以查看申请内容及依据。

2. 工艺调整分析

工艺调整分析人可以利用系统提供的曲线、报表等分析工具进行分析，并填写分析意见。审批完成后系统自动发给申请人，由申请人负责组织执行，复杂工艺调整由分析人组织执行，执行人与当班人员匹配。

3．工艺调整审批

一般工艺调整单审批流程：申请人（集中控制运行值班员）—分析人（工艺工程师、运行主管、运行经理可选择）—审批人（厂长、总经理可选择）。

4．工艺调整类别

工艺调整类别分为压泥时间调整，回流泵调整，处理工艺调整，停产或减产，处理水量调整，PAFC原液量调整，二沉池污泥浓度调整，生化池污泥浓度调整。

工艺调整类别可由系统管理员通过"系统管理"功能对工艺调整类别进行录入、补充、修改。

三、注意事项

（1）工艺调整申请需依据工艺运行技术规程，对工艺异常进行认真分析、审批后谨慎做出调整，确保工艺运行安全。

（2）工艺调整原因须分析透彻，调整措施明确有效，并根据实际情况随时做出调整。

子任务 3.3　通过运维平台执行一般工艺调整

一、任务概述

学会通过运维平台进行一般工艺调整的操作方法。

二、方法步骤

下面以"生化池工艺调整"为例，说明通过运维平台执行一般工艺调整的过程，图 3.3-1 是工艺调整单执行记录信息。

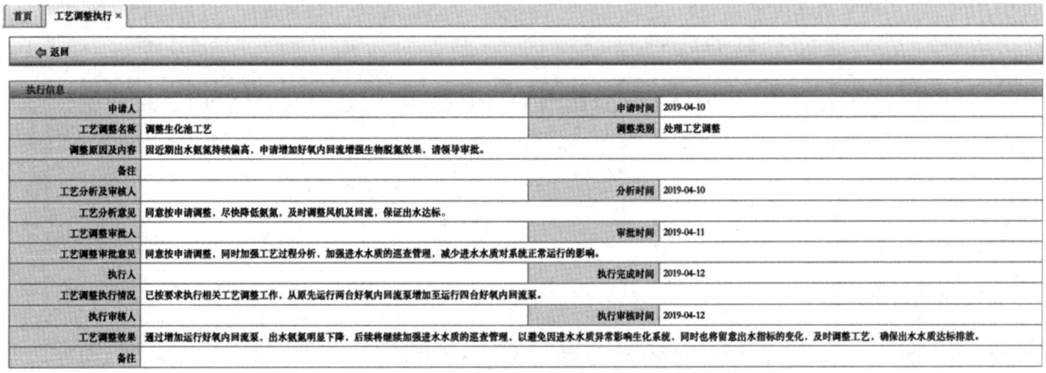

首页 | 工艺调整执行 ×

返回

执行信息

申请人		申请时间	2019-04-10
工艺调整名称	调整生化池工艺	调整类别	处理工艺调整
调整原因及内容	因近期出水氨氮持续偏高，申请增加好氧内回流增强生物脱氮效果，请领导审批。		
备注			
工艺分析及审核人		分析时间	2019-04-10
工艺分析意见	同意按申请调整，尽快降低氨氮，及时调整风机及回流，保证出水达标。		
工艺调整审批人		审批时间	2019-04-11
工艺调整审批意见	同意按申请调整，同时加强工艺过程分析，加强进水水质的巡查管理，减少进水水质对系统正常运行的影响。		
执行人		执行完成时间	2019-04-12
工艺调整执行情况	已按要求执行相关工艺调整工作，从原先运行两台好氧内回流泵增加至运行四台好氧内回流泵。		
执行审核人		执行审核时间	2019-04-12
工艺调整效果	通过增加运行好氧内回流泵，出水氨氮明显下降，后续将继续加强进水水质的巡查管理，以避免因进水水质异常影响生化系统，同时也将留意出水指标的变化，及时调整工艺，确保出水水质达标排放。		
备注			

图 3.3-1　工艺调整单执行记录信息

（1）2019 年 4 月 10 日发起调整生化池工艺申请。

工艺调整原因及内容：因近期出水氨氮持续偏高，申请增加好氧内回流增强生物脱氮效果，请领导审批。

（2）2019 年 4 月 10 日工艺分析及审核人提出工艺分析意见：同意按申请调整，尽快降低氨氮，及时调整风机及回流，保证出水达标。

（3）2019 年 4 月 11 日工艺调整审批人提出工艺调整审批意见：同意按申请调整，同时加强工艺过程分析，加强进水水质的巡查管理，减少进水水质对系统正常运行的影响。

（4）2019 年 4 月 12 日执行人完成工艺调整。

工艺调整执行情况：已按要求执行相关工艺调整工作，从原先运行 2 台好氧内回流泵增加至运行 4 台好氧内回流泵。

（5）2019 年 4 月 12 日执行审核人评价工艺调整效果：通过增加运行好氧内回流泵，出水氨氮明显下降，后续将继续加强进水水质的巡查管理，以避免因进水水质异常影响生化系统，同时也将留意出水指标的变化，及时调整工艺，确保出水水质达标排放。

三、注意事项

（1）工艺调整须及时审批。

（2）工艺调整执行过程须记录完整，效果评价用工艺参数变化准确说明，便于积累经验。

子任务 3.4　通过运维平台查询工艺调整执行进程

一、任务概述

学会运维平台一般工艺调整的执行进程及查询方法。

二、方法步骤

（1）打开运维平台"工艺调整查询"界面，如图 2.3-5 所示。

图 3.4-1　工艺调整查询界面

（2）点击图 3.4-1 中流程栏图标可查询本调整单执行进程，如图 3.4-2 所示。

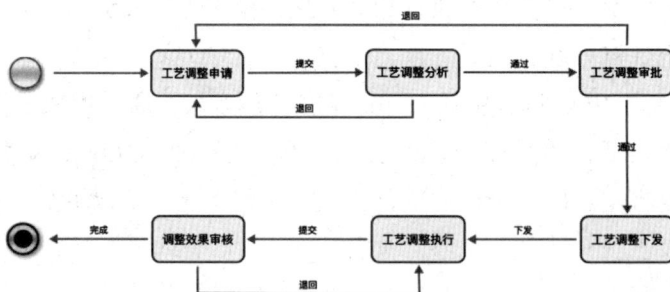

流程信息

发送人	发送时间	下一步处理人	当前状态	处理意见
	2019-04-10 14:50:31		提交(开始)	因近期出水氨氮持续偏高，申请增加好氧内回流增强生物脱氮效果，请领导审批。
	2019-04-10 15:44:03		已审核	同意按申请调整，尽快降低氨氮，及时调整风机及回流，保证出水达标。
	2019-04-11 15:10:19		已审批	同意按申请调整，同时加强工艺过程分析，加强进水水质的巡查管理，减少进水水质对系统正常运行的影响。
	2019-04-12 15:43:00		任务下发	无
	2019-04-12 15:45:05		已调整	已按要求执行相关工艺调整工作，从原先运行两台好氧内回流泵增加至运行四台好氧内回流泵。
	2019-04-12 15:47:38	无	执行已审批(结束)	通过增加运行好氧内回流泵，出水氨氮明显下降，后续将继续加强水水质的巡查管理，以避免因进水水质异常影响生化系统，同时也将留意进出水指标的变化，及时调整工艺，确保出水水质达标排放。

图 3.4-2　工艺调整执行进程查询

（3）双击某一已完成的工艺调整条目可查询完整的工艺调整单信息，对本条工艺调整进行审核评价，如图 3.4-3 所示。

工艺调整单

工艺调整名称	调整生化池工艺	调整类别	处理工艺调整
调整内容及原因：			
因近期出水氨氮持续偏高，申请增加好氧内回流增强生物脱氮效果，请领导审批。			
申请附件：			
		申请人	
		申请时间	2019-04-10 14:50
工艺调整分析：			
同意按申请调整，尽快降低氨氮，及时调整风机及回流，保证出水达标。			
分析附件：			
		分析人	
		时间	2019-04-10 15:44
厂长意见：			
同意按申请调整，同时加强工艺过程分析，加强进水水质的巡查管理，减少进水水质对系统正常运行的影响。			
		厂长	
		时间	2019-04-11 15:10
工艺调整执行情况：			
已按要求执行相关工艺调整工作，从原先运行 2 台好氧内回流泵增加至运行 4 台好氧内回流泵。			
执行附件：			
		执行人	
		时间	2019-04-12 15:45
工艺调整效果：			
通过增加运行好氧内回流泵，出水氨氮明显下降，后续将继续加强进水水质的巡查管理，以避免因进水水质异常影响生化系统，同时也将留意出水指标的变化，及时调整工艺，确保出水水质达标排放。			
执行效果附件：			
		调整效果审核人	
		时间	2019-04-12 15:47
说明： 1.时间自动生成。 2.申请人流程：申请人（运行班长）— 分析人（运行主管、运行经理可选择）— 审批人（厂长、总经理可选择）— 执行人（运行班长、巡检员可选择）— 效果审核人（运行班长可选择）建议流程中下一个节点岗位是可以选择的。			

图 3.4-3　工艺调整单

三、注意事项

（1）工艺调整单是工单的一种，可通过工艺调整单评价工作量和工作质量。

（2）可通过工艺调整执行过程查询，督促相关人员按时完成工作，保障生产运行安全。

任务小结

通过本任务学习和实训，掌握运维平台工艺调整功能，学会通过运维平台判断工艺运行异常、申请工艺调整、执行一般工艺调整、查询工艺调整执行进程等技能。

任务练习

（1）工艺调整功能中含有哪 3 个子菜单？

（2）工艺调整一般由哪些岗位人员执行？

（3）工艺调整申请包含哪 3 个步骤？

（4）工艺调整分析如何做？

（5）工艺调整审批流程有哪些？

（6）如何查询工艺调整单执行进程？

扫码提问
AI技能培训助手
┃运行操作准备
┃水处理工艺
┃水质指标监测

设备自动高效运行调控

学习目标

一、知识目标

了解智能水厂提升系统、鼓风曝气系统、污泥脱水系统三大能耗系统自动运行的控制逻辑和调控方法；掌握三大能耗系统高效运行指标和调控参数的含义和经济运行分析方法。

二、技能目标

通过集中控制系统监控三大能耗系统高效运行指标，会评价系统经济运行状态，会三大能耗系统节能潜力的分析方法。

项目综述

本项目包括 3 项工作任务，分别是提升系统自动高效运行与调控、鼓风曝气系统自动高效运行与调控、污泥脱水系统自动高效运行与调控。

任务 1　提升系统自动高效运行与调控

任务目标

（1）识记提升系统自动经济运行控制参数和自动控制逻辑。

（2）通过集中控制系统监控提升系统运行在高效范围。

（3）通过集中控制系统监控水泵编组高效运行。

（4）通过集中控制系统分析挖掘水泵机组节能潜力。

任务实施

子任务 1.1　提升系统自动高效运行控制方法

一、任务概述

学会提升系统自动高效运行的评价指标和控制方法，学会系统高效运行参数的设置和运行指标的分析调控方法。

二、准备工作

1. 实训场地

（1）远程控制：中控室；

（2）手动控制：设备安装现场。

2. 实训设备

（1）中控室上位机系统；

（2）现场提升系统设备清单，见表 1.1-1。

表 1.1-1　提升系统主要设备清单

序号	设备名称	安装位置	用途	说明
1	提升泵	泵坑	提升输送水	
2	阀门	泵房	检修阀或止回阀	
3	液位计	集水井	测量液位	
4	浮球开关	集水井	液位高低限控制或告警	
5	电控箱	泵房	设备配电和控制	
6	变频器	电控箱	调节提升水量	变频机组含有

三、方法步骤

1. 提升系统高效运行评价指标

（1）吨水电耗。

吨水电耗最低是提升系统高效运行的控制目标，而不是控制某一台水泵效率最高是目标。

提升系统高效区是指吨水提升电耗最低的区域。从公式 $Pu/Q=H×\gamma/（10^2×\eta gr）$ 可以看出，吨水电耗与扬程成正比，与机组效率成反比。水泵运行水位越高扬程越低，所以吨水电耗最低控制要求是在水泵高效区间内尽量保持高水位运行。可以通过测试工况点 $H/\eta gr$ 的比值最小确定运行水位的区间，以此控制机组自动运行。

（2）实际效率和吨水提升 1 m 能耗。

提升泵系统高效运行评价得分=（实际效率/额定效率+吨水提升 1 m 能耗基准值/
实际值）/2×100%

公式的第一项（实际效率/额定效率）反映提升泵运行条件或水平是否达到提升泵本身固有效率，是否物尽其用；

公式的第二项（吨水提升 1 m 能耗基准值/实际值）反映提升系统实际能耗水平与基准水平的差距。

机组运行实际效率是高效运行的控制指标，对于潜污泵运行实际效率高于 70% 则可判定该泵处于高效运行状态，对于清水泵要求实际效率则高于 80%。

吨水提升 1 m 能耗是反映机组或提升系统能耗水平的评价指标，对于潜污泵取 0.004 kW 为基准值，对应机组效率 68%；对于清水离心泵取 0.003 4 kW 为基准值，对应机组效率 80%。

（3）变频泵的调频范围对系统高效运行的影响。

为了满足平稳调整水量提升，避免水泵频繁开停，一般在提升系统编组运行中加入 1 台或多台变频泵，用于灵活调整出水压力或流量。从水泵 Q-H 性能曲线可知，水泵变频运行时实际频率会低于定速运行频率，特别是 Q-H 性能曲线较陡的潜污泵，随着频率降低，水泵效率会下降很快。因此应对变频泵根据实际工况测试满足水量和效率的频率调节区间，使其在该调频区间内既满足水量调整需求又能在高效区运行。

2．提升系统自动运行方式和控制参数

提升系统有两种自动运行模式，分别是：

（1）"恒水位"模式：系统根据泵坑液位信号自动控制水泵运行，控制参数为泵坑液位；

（2）"恒流量"模式：系统根据进水流量信号自动控制水泵运行，控制参数为进水流量。

两种自动运行模式说明详见项目一"子任务 1.2 进水提升系统自动运行功能和自动运行方式"。

3．提升系统自动高效运行控制方法

（1）以泵坑液位和流量为设定参数控制提升系统自动运行。

图 1.1-1 是上位机泵坑液位和进厂流量参数设置界面，以此控制进水提升系统自动运行。

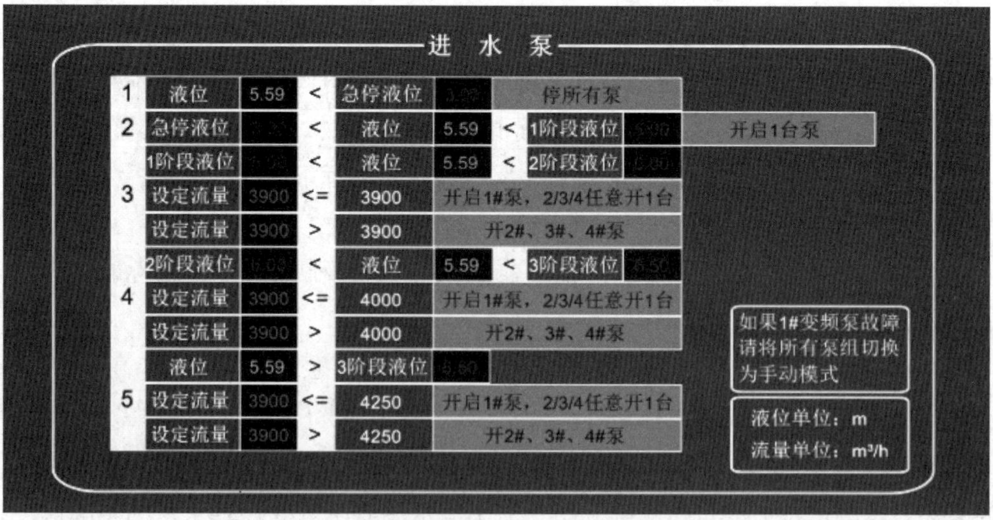

图 1.1-1　进水提升泵控制参数设置界面

（2）自动高效编组运行。

多台水泵并联到总出水管运行时，需要测试各种进水量下水泵编组运行方式（如小泵+大泵、定速泵+变频泵、变频泵+变频泵）的提升系统效率和吨水电耗，从中选择出最佳编组运行方式，以满足提升水量需求且降低运行电耗。

鉴于提升系统水泵种类多、运行工况复杂、编组方式多种多样，因此水泵的高效编组模式难以计算出来，只能通过分析统计实际工况数据找出最佳编组运行方式，这就是大数据分析技术的雏形。表 1.1-2 是值班日志水泵运行记录，可从中找出最佳编组运行记录。

表 1.1-2　提升系统编组运行记录

水泵编组	运行时段（年月日时）	各时段平均流量/（m³/h）	各时段流量范围（变频时）/（m³/h）	各时段平均扬程/m	各时段出厂压力范围	各时段平均功率/kW	千吨水电耗/（kW·h/km³）	系统运行效率/%
3#	2021-02-02 08	5 850	5 800～6 200	13.6	0.13～0.14	350	59.83	61.88
4#	2021-04-22 07	5 950	5 900～6 300	13.6	0.13～0.14	340	57.14	64.79
5#	2021-03-23 04	2 820	2 720～2 900	12.7	0.12～0.13	150	53.19	65.00
3#+4#	2021-09-01 18	9 350	9 200～9 500	21.5	0.21～0.22	705	75.40	77.62
3#+5#	2021-02-02 20	7 650	7 500～7 700	17.5	0.17～0.18	505	66.01	72.17
4#+5#	2021-05-14 17	7 790	7 680～7 920	17.5	0.17～0.18	495	63.54	74.97

从表 1.1-2 中可以看出提升水量在 5 900～6 300 m³/h 时，运行 4#泵吨水电耗最低，应首选 4#泵运行；当提升水量 7 500～8 000 m³/h 时，运行 4#+5#泵吨水电耗最低，应首选 4#、5#泵编组运行。

四、注意事项

（1）如果提升系统编组最佳运行效率低于基准值则需要分析具体原因，分析水泵间是否存在参数不匹配问题，根据分析结论对水泵进行节能技改，使水泵编组高效运行。

（2）水泵编组经济运行须考虑水量和电耗两个方面，两者缺一不可。

子任务 1.2　通过集中控制系统监控提升系统高效运行

一、任务概述

通过集中控制系统监控提升系统运行工况，分析评价提升系统高效运行状态，调控提升系统运行参数。

二、准备工作

1．实训场地

中控室。

2．实训设备

集中控制系统上位机。

三、方法步骤

图 1.2-1 是集中控制系统对提升系统高效运行的监控分析画面，画面分为 6 个功能区：

1．系统能效状况

显示能效评价得分、系统效率实际值和吨水提升 1 m 电耗实际值。

2．液位监控

泵坑液位是反映提升系统是否处于高效运行区的直观体现，液位监控图标分为 3 个区域，上部红色区域是高液位区，虽然该区域系统效率高但具有污水溢流风险，属于告警区域；中间绿色区域是系统运行高效区；下部黄色区域是系统运行低效区。

3．编组方式

图 1.2-1 中列出了某一流量时最佳编组运行的水泵和实际运行的水泵。未按照最佳编组运行时需要分析并说明原因。

4．能效分析曲线

显示某一时间段流量、水位、效率、节电量、吨水电耗实际值和目标值曲线，从中分析出节电量高低的原因和控制措施。

5. 实际运行工况

直观显示当前系统运行机组、流量、扬程、功率、效率、吨水电耗、机组频率等参数。

6. 最佳运行工况

直观显示系统最佳运行工况相关参数，可与实际运行参数进行对比，如果发现当前运行工况优于最佳工况，则可以将当前工况替代最佳工况，通过不断优化迭代，提高提升系统能耗控制水平。

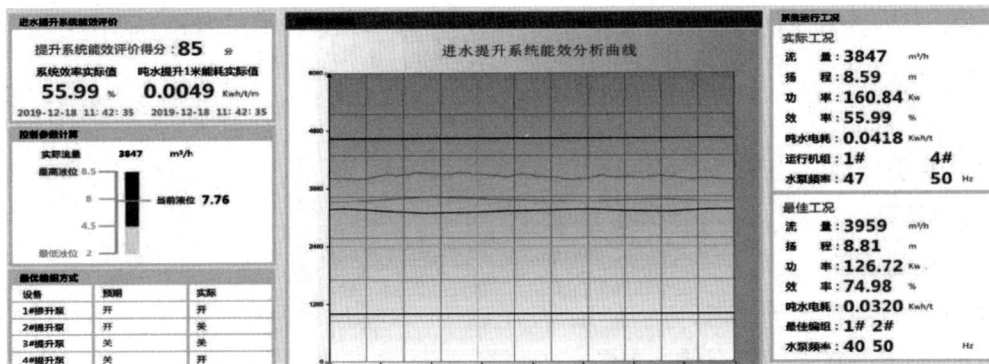

图 1.2-1　提升系统高效运行监控画面

从图 1.2-1 监控画面中，且提升系统能效评价得分不低于 85 分则可判定提升系统处于高效运行状态，然后通过泵坑液位和水泵编组方式分析提升系统能效进一步提升的原因和措施。比如在图 1.2-1 中，泵坑液位位于中间绿色区域，则表示提升系统液位控制是合理的，但是由于水泵编组未按照最佳编组运行，导致系统效率由 74.98% 降至 55.99%，因此通过更改编组运行方式还能提高系统能效。

四、注意事项

（1）进水水量波动大时须密切关注提升系统自动运行状态，出现高低水位告警时须立即处理，如果判定系统难以自动调节则可退出自动运行转为手动运行。

（2）提升系统自动运行时如果水泵频繁启停周期达到 15 min 内，则退出自动运行并查找原因。

子任务 1.3　通过集中控制系统监控水泵编组高效运行

一、任务概述

学会通过集中控制系统监控水泵编组运行，掌握水泵最佳编组方式的得出方法。

二、准备工作

1．实训场地

中控室。

2．实训设备

（1）集中控制系统上位机；

（2）提升系统高效运行监控画面。

三、方法步骤

1．监控水泵编组运行

图 1.2-1 提升系统高效运行监控画面中第 3 个区域是编组方式监控区，区域中列出了当前流量下最佳编组应运行的水泵和实际运行的水泵，两者进行对比。如果未按照最佳编组运行则须分析说明原因。

2．水泵编组运行工况对比

图 1.2-1 画面右侧显示的是实际编组运行工况和最佳编组运行工况数据的对比，两者的对比数据来源于表 1.3-1（提升系统编组运行能效分析表），表 1.3-1 将最佳编组工况与实际编组工况进行了对比，从中可以找出两者的差别，如果实际编组工况更优于最佳编组工况，则可用实际编组方式替代最佳编组，以不断提升编组能效水平，获得更优收益。

3．提升系统能效分析曲线

通过图 1.2-1 中的能效分析曲线，可以查询每周系统效率曲线中各种流量范围效率的最高点，将此点运行工况对应编组方式作为最佳编组运行方式记录、校核、对比，最终确定本周最佳编组运行方式。以此类推，找出每个月、每年的最佳编组运行方式，并分析原因明确控制措施，不断优化校验水泵最佳编组运行方式。

表 1.3-1　提升系统编组运行能效分析表

流量范围/ (m³/h)	最佳编组 (泵号)	系统最佳编组工况				系统实际编组工况			
		流量	扬程	效率	吨水电耗	流量	扬程	效率	吨水电耗

四、注意事项

（1）水泵最佳编组工况校验要采取多个参数校验，除了系统效率，还应结合吨水电耗、液位、功率等参数全面分析，使核算出的最佳编组经验值普适性更强。

（2）对机组工况测量仪表定期校验，确保计量数据准确。

子任务 1.4　提升系统能效分析和节能管理

一、任务概述

学会通过集中控制系统汇总统计提升系统电量节约值、效率值等，通过提升系统能效分析界面对能效状况分析评价；学会运行班组节能绩效的管理方法。

二、准备工作

1．实训场地
中控室。

2．实训设备
（1）集中控制系统上位机；
（2）能效分析报表。

三、方法步骤

1．提升系统节约电量查询

图 1.4-1 是集中控制系统运维平台的提升系统能效得分、能效值和电量节约值月度统计界面，从图中可以看出能效值与节电量的关系，统计出每月节电成果。点击每个月的"详情"标签，可以转到图 1.4-2（提升系统能效分析界面）进一步分析节电效果。

图 1.4-1　提升系统能效和节电量统计界面

2．提升系统能效分析

图 1.4-2 是提升系统能效分析界面，通过吨水电耗目标值和实际值、系统效率、提升水量、节电量月度曲线，查询对比每天数据，对提升系统能效状况进行分析。提升泵系统高效运行评价得分计算方法详见子任务 1.1。

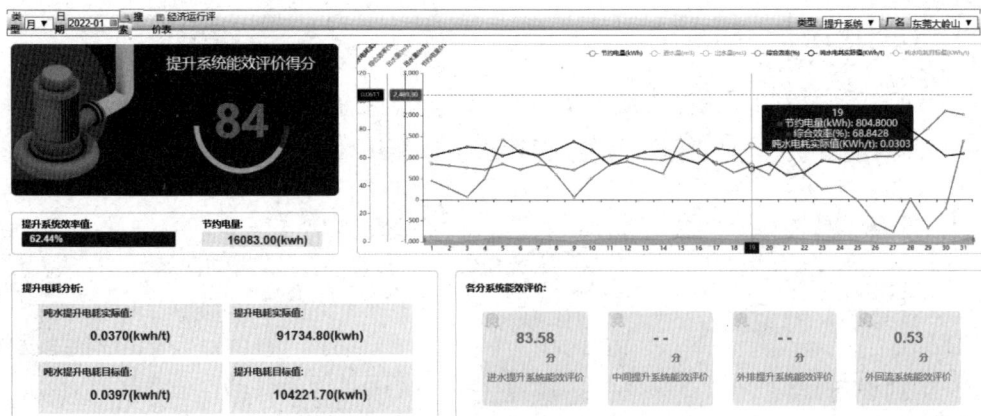

图 1.4-2　提升系统能效分析界面

3. 班组节能绩效查询统计

班组节能绩效分析统计见图 1.4-3。

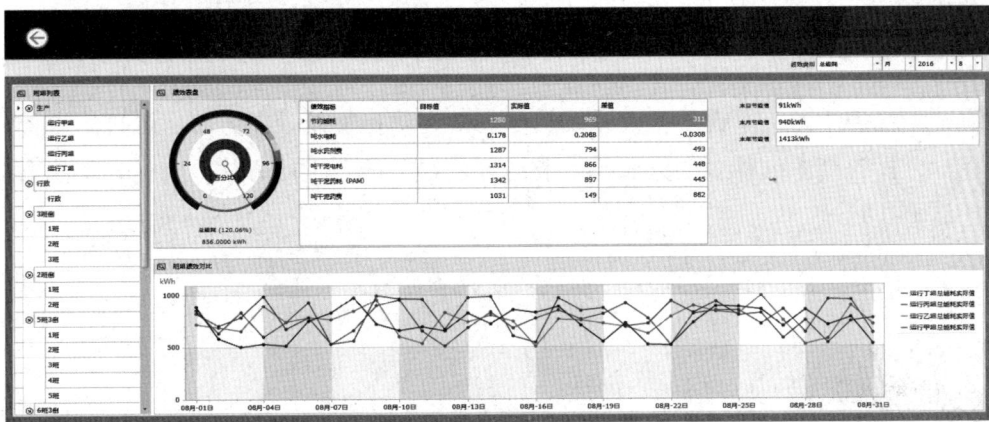

图 1.4-3　班组节能绩效分析统计界面

（1）界面左侧班组列表中选择某班组，则在界面右侧上部动态显示选定班组的本日节能值、本月节能值、本年节能值。

（2）界面上部用仪表盘和表格显示某一查询时间的绩效指标，包括节约能耗、节约药剂费、吨水电耗、吨水药剂费、吨干泥电耗、吨干泥药耗（PAM）、吨干泥药费等目标值和实际值。用表格显示上述指标的目标值、实际值、差值和绩效值。

（3）界面下部用曲线显示某一时间段各班组的绩效指标对比曲线图（各月节能目标值和实际值）。

（4）界面上部班组绩效统计表链接，显示各班组节能日、月、年报表，包括班组、日期、系统名称、分系统节电量、总节电量、累计节电量等数据。

四、注意事项

（1）提升系统电量节约的原因要进行多维度分析，将节约电量区分为偶然因素和可控因素，可控因素是制定节能措施的基础。

（2）对于班组节能要采取正向激励措施，重点激励可控措施落地实施，持续激励节能潜力挖掘。

任务小结

通过本任务学习，掌握了提升系统自动高效运行指标及控制方法，通过集中控制系统监控、分析提高系统能效的方法，以及运行班组节能管理的方法，为提升系统自动高效运行奠定基础。

任务练习

（1）提升系统高效运行的控制目标有哪些？

（2）吨水提升 1 m 能耗是什么指标？这个指标对于潜污泵高效运行的基准值是多少？

（3）提升系统高效运行评价得分的计算公式是什么？

（4）提升系统高效运行主要监控哪两个指标？

（5）提升系统最佳编组工况是如何得出的？

（6）提升系统能效分析要分析哪几个指标？

任务 2　鼓风曝气系统自动高效运行与调控

📊 任务目标

（1）能通过集中控制系统监控鼓风曝气系统自动高效运行；

（2）能通过集中控制系统相关曲线判断鼓风曝气系统运行是否在高效范围；

（3）会精确控制鼓风曝气系统需气量；

（4）会分析鼓风曝气系统节能效果。

任务实施

子任务 2.1　通过集中控制系统监控鼓风曝气系统高效自动运行

一、任务概述

鼓风曝气系统的耗电量占到污水处理厂的 50%～60%，是污水处理厂最大的耗电系统，因此鼓风曝气系统高效自动运行是污水处理厂节能降耗的关键。本任务讲解通过集中控制系统监控鼓风曝气系统高效自动运行的方法。

二、准备工作

1．实训场地

（1）远程监控：中控室；

（2）生化池和鼓风机房。

2．实训设备

（1）集中控制系统上位机；

（2）鼓风曝气系统监控画面。

三、方法步骤

1．鼓风曝气系统能效监控画面

图 2.1-1 鼓风曝气系统能效监控画面主要包括以下 5 部分。

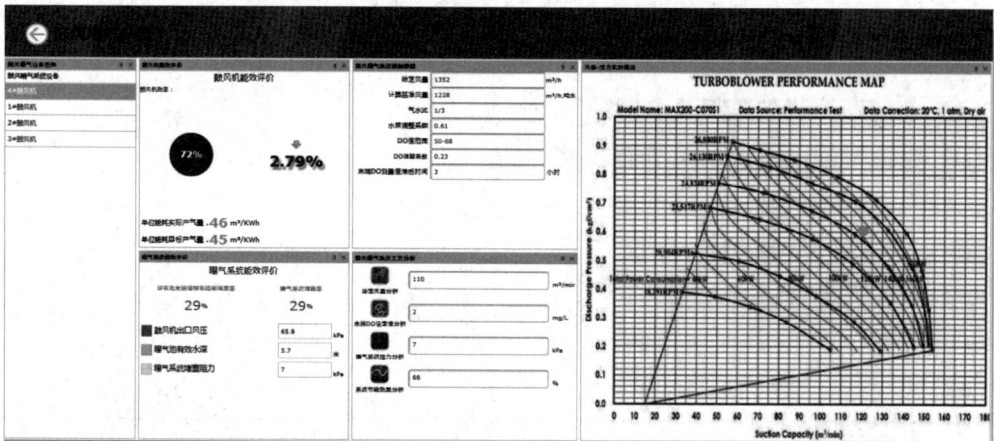

图 2.1-1　鼓风曝气系统能效监控画面

（1）画面左侧是鼓风机列表，选择某 1 台正在运行的鼓风机，可以在画面右侧查看其性能曲线和实际运行工况。

（2）鼓风机能效评价窗口：显示鼓风机能效评价得分、单位能耗目标产气量、单位能耗实际产气量。

鼓风机能效评价得分=（实际效率/额定效率+实际每千瓦时产气量/额定每千瓦时产气量）/2×100%

公式的第一项（实际效率/额定效率）反映风机运行条件或水平是否达到本身固有效率，是否物尽其用；

公式的第二项（实际每千瓦时产气量/额定每千瓦时产气量）反映风机实际单位产气量达到额定气量的程度。

（3）曝气系统能效评价窗口：通过监视好氧池末端溶解氧控制偏差率和曝气系统堵塞率可以判断曝气系统运行状态，是否满足高效运行的条件。

生化池好氧区应该气泡分布均匀，气泡粒径均匀且小于 2 mm，风机出口压力平稳。

随着运行时间延长，曝气盘膜片老化、堵塞、气泡变大、压力升高，将导致鼓风机能耗升高。判断曝气盘堵塞老化一般用压力监测法，即在鼓风机房风机的出气管道上设置压力计，当实际压力表指示数值比曝气系统运行初始压力升高 0.7 mm 水柱时表示曝气盘堵塞率偏高，应对曝气膜片进行清洗。

曝气系统堵塞率=（风机出风口压力–曝气系统初始压力）/0.7×100%

（4）鼓风曝气系统运行参数窗口：通过监视表 2.1-1 中的运行参数和高低限告警，可以判定鼓风曝气系统自动运行是否正常，是否满足出水水质达标要求。

表 2.1-1　鼓风曝气系统运行参数监视表

指标名称	指标数值	数值单位	告警显示
计算风量		m³/h	
实际风量		m³/h	低限报警
风机风压		kPa	高低限报警
实际气水比			高低限报警
末端 DO 实际值		mg/L	高低限报警
MLSS 实际值		mg/L	高低限报警
生化池出口氨氮		mg/L	高低限报警
出水 COD		mg/L	高低限报警
出水氨氮		mg/L	高低限报警
出水总氮		mg/L	高低限报警

（5）鼓风曝气系统工艺分析窗口：通过生化池工艺运行参数和出水水质指标曲线分析，可以得出鼓风曝气系统给定风量是否满足工艺运行要求，从而控制鼓风机按照所需风量自动运行（表 2.1-2）。

表 2.1-2　鼓风曝气系统工艺分析表

分析项目	显示参数	数值单位	数据来源	分析曲线
给定风量分析	实际气水比	%	自动	给定风量分析曲线（进水流量、实际风量、计算气水比、修正气水比、出水氨氮、末端 DO）
	给定气水比	%	设定	
末端 DO 设定分析	DO 实际值	mg/L	自动	末端 DO 设定分析曲线（修正气水比、DO 日均实际值、出水 COD、出水氨氮、出水总氮）
	DO 设定值	mg/L	设定	
出水 NH₃-N 设定分析	NH₃-N 实际值	mg/L	自动	
	NH₃-N 设定值	mg/L	设定	

分析项目	显示参数	数值单位	数据来源	分析曲线
空气扩散器堵塞阻力分析	实际阻力值	kPa	自动	曝气系统堵塞阻力分析曲线（实际风量、风机出口压力、曝气系统阻力值、曝气系统阻力消耗功率）
	清洗阻力值	kPa	设定	
系统节能效果分析	系统效率实际值	%	自动	系统节能效果分析曲线（系统效率、实际总风量、出口压力、实际功率、曝气系统阻力、单位能耗产气量）
	系统效率基准值	%	设定	

2. 鼓风曝气系统能效评价方法

鼓风曝气系统能效管理的目标是在确保出水水质达标的前提下实现节能最大化，因此鼓风曝气系统能效评价除了设备运行效率外还应结合生化池 DO、NH_3-N 等工艺运行参数的合理性控制来分析。

鼓风曝气系统能效评价得分=鼓风机能效评价得分-DO 均值控制扣分-NH_3-N 均值控制扣分-曝气系统堵塞率扣分

（1）鼓风机能效评价得分=（实际效率/额定效率+实际每千瓦时产气量/额定每千瓦时产气量）/2×100%，最高得 100 分；

（2）DO 均值控制扣分：DO 均值控制在 1.5～2.5 不扣分，大于 2.5 酌情扣分，大于 5 时最高扣 15 分；

（3）NH_3-N 均值控制扣分：①出水一级 A 时 2～3 内不扣分，小于 0.5 时最高扣 15 分，0.5～2 采用插值法扣分；②出水一级 B 时 4～5 内不扣分，小于 0.5 时最高扣 15 分，0.5～4 采用插值法扣分；

（4）曝气系统堵塞率小于 100%不扣分，200%时最高扣 15 分，100%～200%采用插值法扣分。

四、注意事项

（1）鼓风曝气系统节能降耗管理的基础是选用满足生化池工艺运行工况的高效风机。

（2）进水水质波动和出水水质达标决定了生化池曝气需气量，调控鼓风机按照需气量高效运行是鼓风曝气系统节能降耗的基本逻辑。

子任务 2.2 通过集中控制系统相关曲线判断鼓风曝气系统运行在高效范围

一、任务概述

学会通过集中控制系统画面查询分析鼓风曝气系统相关运行参数曲线，判定系统运行在高效状态的方法。

二、准备工作

1. 实训场地

（1）远程监控：中控室；

（2）生化池和鼓风机房。

2. 实训设备

（1）集中控制系统上位机；

（2）鼓风曝气系统监控画面。

三、方法步骤

1. 鼓风曝气系统能效分析界面

图 2.2-1 是集中控制系统运维平台上鼓风曝气系统能效分析界面，通过曲线对系统效率、风量、出口压力、实际功率、曝气系统阻力、单位能耗产气量、吨水电耗等节能效果指标进行分析。其中曲线分析界面如图 2.2-2 所示。

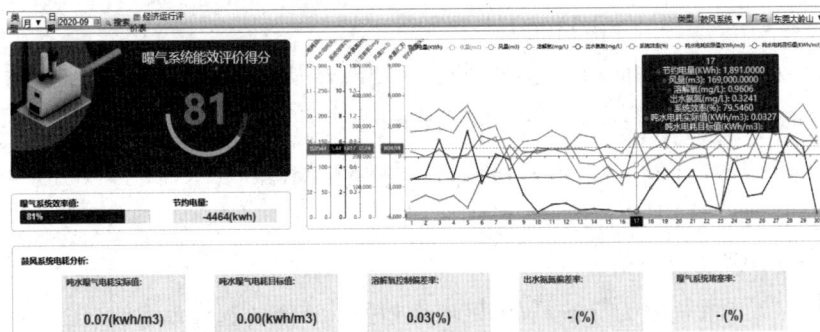

图 2.2-1 鼓风曝气系统能效分析界面

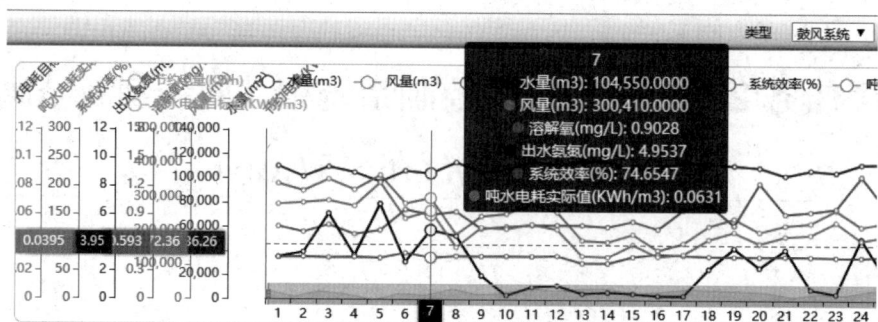

图 2.2-2　鼓风曝气系统能效分析曲线

2．鼓风曝气系统能效分析

通过曲线分析可判定系统在某一时间段内是否运行在高效区间。要求运行管理人员明确相关监控指标的基准值和取值范围，这是优化系统控制参数确保系统处于高效自动运行状态的关键。然后通过以下指标实际值的评价打分，可以对系统能效控制水平做出判定，并对异常指标进行分析调控。

（1）系统效率和单位能耗产气量：不同类型风机构成的鼓风曝气系统运行高效范围是不同的，对于采用空气悬浮离心风机、磁悬浮离心风机和单级高速离心风机等高效风机的系统，其运行状态分类如下：

高效状态：整机效率 65% 及以上；单位能耗产气量（标态）47 m^3/（kW·h）以上。

良好状态：整机效率 55%～65% 以上；单位能耗产气量（标态）40～47 m^3/（kW·h）。

低效状态：整机效率 50% 及以下；单位能耗产气量（标态）36 m^3/（kW·h）及以下。

（2）生化池运行控制参数：

NH_3-N 均值控制：生化池好氧区合适位置安装电极式 NH_3-N 分析仪作为系统自动运行控制仪表，NH_3-N 均值控制范围 2～3 mg/L（一级 A）。

DO 均值控制：以生化池好氧段末端 DO 均值作为风机自动运行的控制参数，一般根据工艺运行要求控制在 1.5～2.5 mg/L。

（3）出水水质控制指标。按照污水处理厂出水水质标准，各指标限值如下：

出水 COD 指标：一级 A 标准 COD≤50 mg/L。

出水 NH_3-N 指标：一级 A 标准 NH_3-N≤5（8）mg/L。

出水 TN 指标：一级 A 标准 TN≤15 mg/L。

（4）曝气系统阻力指标：

$$曝气系统阻力（m）=风机出风口压力-曝气池有效水深-0.5$$

曝气系统阻力≥0.7 m，表示曝气系统堵塞非常严重，需要对曝气膜片进行清洗，否则将因风压高浪费电能。曝气系统阻力过高，原因也有可能是供风管道阀门未全开、风机风量选型过大无法调小所致，应对系统运行状况进行具体分析，查找问题原因进行必要调控。

（5）吨水电耗指标。鼓风曝气系统高效运行的吨水电耗≤0.06 kW·h/m³。

曝气系统吨水电耗受进水水质状况、处理水量、风机选型、运行工况等影响较大，因此，应根据系统分析评估和日常运行经验找出切合实际的经验值作为系统高效运行基准值，并不断优化。

从鼓风曝气系统能效评价相关指标曲线采集数据，并与基准值进行对比评分，可以计算出鼓风曝气系统能效评价得分，评价系统高效自动运行控制水平，通过调控 DO、NH_3-N 等设定参数控制曝气需风量，达到节约电能的目的。

四、注意事项

（1）鼓风曝气系统高效运行评价分析应由工艺运行人员和设备管理人员协同实施，对设备运行效率和工艺运行状况进行综合评价。

（2）进水水质和工艺运行方式发生变化时，应及时对鼓风曝气系统运行方式进行调整，并持续跟踪评价调整效果。

子任务 2.3　鼓风曝气系统需气量的精确控制

一、任务概述

学习生化池智能曝气控制系统曝气需气量的精确控制模式和控制操作。

二、准备工作

1. 实训场地

（1）远程监控：中控室；

（2）生化池和鼓风机房。

2. 实训设备

（1）集中控制系统上位机；

（2）鼓风曝气系统智能监控画面。

三、方法步骤

1. 生化池智能曝气控制系统监控画面

生化池智能曝气控制系统采用"前馈+反馈"控制模式，被控目标是曝气需气量，控制参数是生化池的 NH_3-N 和 DO 值。在上位机界面设定 NH_3-N 和 DO 值后，生化池智能曝气系统自动预测所需的曝气量，对现场风机进行自动调节。系统监控画面如图 2.3-1 所示。

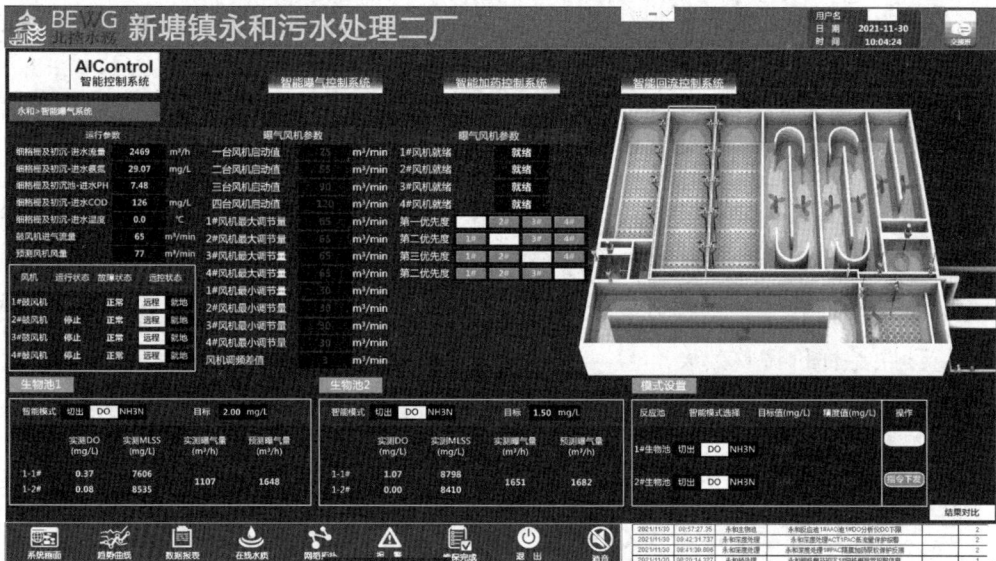

图 2.3-1　生化池智能曝气控制系统监控画面

画面包括以下几部分：

（1）系统运行参数区。包括进水流量、进水氨氮、进水 COD、进水 pH 等。

（2）曝气风机参数。包括鼓风机风量调节范围、风机运行状态、风机启动排序等。

（3）1#、2#生化池控制参数。包括各组生化池污泥浓度 MLSS 值、实测溶解氧 DO 值、目标溶解氧 DO 值、实测曝气风量、计算曝气风量、控制模式等。

（4）模式设置参数。包括智能模式选择、DO、NH_3-N 设定值和控制精度等。

2. 智能控制方式

（1）DO 模式：点击"目标值"和"精度值"，跳出弹窗，如图 2.3-2 所示，设置 DO 目标值和 DO 控制精度值，点击"确认"。DO 模式下智能控制系统运行曝气控制模型，输出曝气风量。

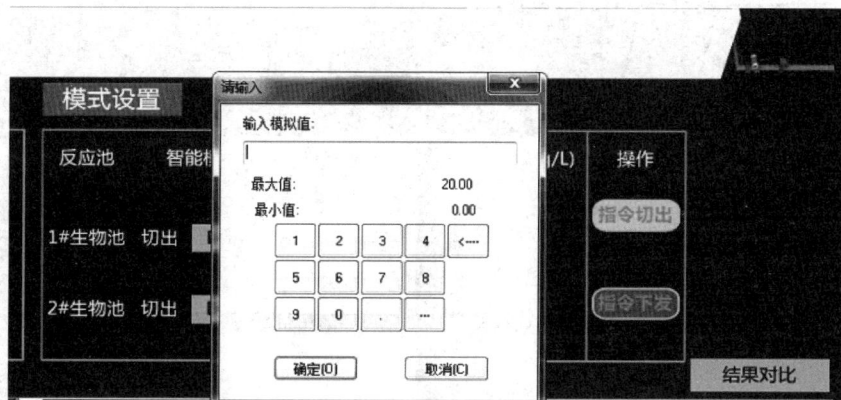

图 2.3-2　DO 控制模式设置窗口

（2）NH$_3$-N 模式：点击"NH$_3$-N"，跳出弹窗，如图 2.3-3 所示。NH$_3$-N 模式下，可以设置 NH$_3$-N 目标值和精度值。NH$_3$-N 模式下智能控制系统运行曝气控制模型，输出曝气风量。

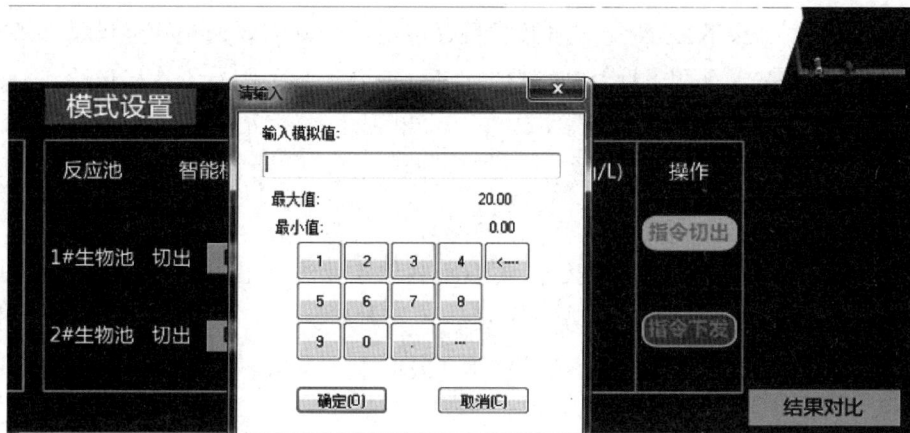

图 2.3-3　NH$_3$-N 控制模式设置窗口

3. 智能曝气控制模型输出结果对比

点击"结果对比"，跳出如图 2.3-4 所示界面，可以查看溶解氧值 DO 目标值和实测值的变化曲线，以及气体流量实测值和预测值的曲线。同样，在 NH$_3$-N 模式下，点击"结果对比"，可以查看 NH$_3$-N 目标值和实测值的变化曲线，以及气体流量实测值和预测值的曲线。

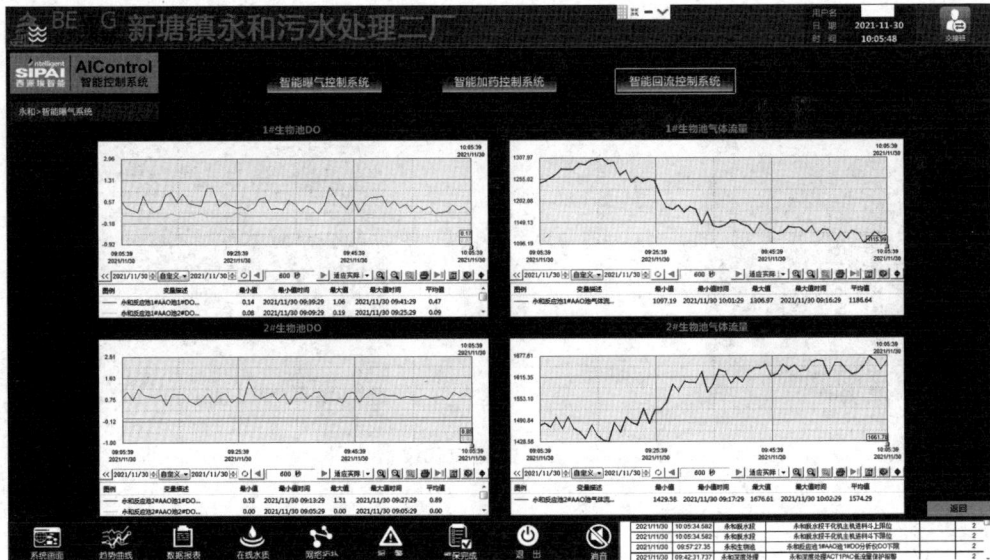

图 2.3-4　智能曝气控制模型输出结果对比

需风量调整：如果 NH_3-N 实测值低于目标值范围，则需要调整智能模型参数减少曝气量，实现系统节能。如果 NH_3-N 实测值高于目标值上限，则有不达标风险，需要调整智能模型参数增加曝气量。

四、注意事项

（1）鼓风曝气系统智能控制模型需要不断驯化才能达到最优控制状态，因此，工艺运行人员需要根据实际工艺运行情况不断校正模型参数。

（2）由于 NH_3-N 分析仪监测数据较准确，波动小，因此一般采用 NH_3-N 模式控制鼓风曝气系统运行。

子任务 2.4　通过集中控制系统分析鼓风曝气系统节能效果

一、任务概述

学会通过集中控制系统能效管理功能分析鼓风曝气系统节能效果。

二、准备工作

1．实训场地

（1）远程监控：中控室；

（2）生化池和鼓风机房。

2．实训设备

（1）集中控制系统上位机；

（2）运维平台能效管理功能界面。

三、方法步骤

1．鼓风曝气系统节约电量

图 2.4-1 是集中控制系统运维平台能效管理功能界面，包括按月度统计的鼓风曝气系统能效得分、能效值和电量节约值，从图中可以看出能效值与节电量的关系，统计出每月节电成果。点击每个月的"详情"标签，可以转到图 2.2-1（鼓风曝气系统能效分析界面），进一步分析节电效果。

图 2.4-1　集中控制系统能效管理电量节约功能界面

2．鼓风曝气系统节能效果分析

如子任务 2.1 所述，鼓风曝气系统节能包括两大部分：鼓风机高效运行节电量和生化池工艺运行控制节电量。生化池工艺运行控制节电量是通过控制工艺指标如 $NH_3\text{-}N$ 值在合理范围内，节约曝气量实现节能的。表 2.4-1 是节约电费计算表。

表 2.4-1　鼓风曝气系统节约电费计算表

系统运行参数（按日统计）					工艺运行控制节电（按日统计）			鼓风机效率控制节能			电度电价/[元/(kW·h)]	日节约电费/元
出口升压日均值/m	平均进水流量/(m³/h)	实际总供风量/(m³/h)	实际总功率/kW	实际吨水曝气电耗/(kW·h/t)	单位能耗产气量/[m³/(kW·h)]	NH₃-N控制节约气量/(m³/h)	NH₃-N控制节约电量/kW·h	实际效率/%	目标效率/%	达到目标效率日节约电量/kW·h		
A	B	D	E	F	G	H	I	J	K	L	M	N
6	2 100	6 227	184	0.087 6	33.84	1 000	709	46	65	1 196	0.62	−302

表 3.2-3 列出了系统运行参数和节约电量的统计方法，从表中不仅能看出节电的潜力或方向在工艺运行控制还是鼓风机效率提升，还能通过运行参数与基准值比对发现电耗浪费的异常指标，采取针对性改进措施，提高节能降耗水平。

（1）鼓风机实际运行效率低于目标值 19%，说明鼓风机运行效率还有很大提升空间。

（2）实际吨水曝气电耗（0.087 6 kW·h）高于基准值（0.06 kW·h），说明系统总体能耗偏高，还有下降空间。

四、注意事项

（1）鼓风机并联运行台数、供风管道布置等对鼓风曝气系统高效运行有重大影响，从减少曝气系统阻力方面对系统进行节能改造能取得较好节能效果。

（2）污水处理厂运行值班人员应积累经验针对 NH₃-N 控制对电量节约的效果进行分析并研究出经验系数，明确 NH₃-N 控制成效，激励运行人员合理控制工艺运行指标实现节能降耗。

任务小结

通过本任务学习，掌握了鼓风曝气系统自动高效运行指标及评价方法，通过集中控制系统监控、分析系统高效运行状态和提高系统能效的方法，以及系统节能核算方法。

任务练习

（1）鼓风曝气系统能效评价内容包括哪几部分？

（2）曝气系统堵塞率如何计算？

（3）鼓风曝气系统自动运行的生化池运行控制参数是哪两个？

（4）鼓风曝气系统节能包括哪两大部分？

任务 3　污泥脱水系统自动高效运行与调控

📊 任务目标

（1）掌握污泥脱水系统自动高效运行控制方法。

（2）能通过运维平台监控污泥脱水系统自动高效运行。

（3）能通过运维平台分析调控污泥脱水系统高效运行指标。

（4）学会分析影响污泥脱水系统自动高效运行的异常指标。

任务实施

子任务 3.1　污泥脱水系统自动高效运行控制方法

一、任务概述

学会污泥脱水系统自动高效运行的评价指标和控制方法，学会系统高效运行参数的设置和运行指标的分析调控方法。

二、准备工作

1. 实训场地

（1）中控室；

（2）脱水系统安装现场。

2. 实训设备

（1）中控室上位机；

（2）现场脱水系统设备。

三、方法步骤

1．污泥脱水系统构成及主要控制指标

污泥脱水系统主要由以下 5 个单元构成，如图 3.1-1 所示。

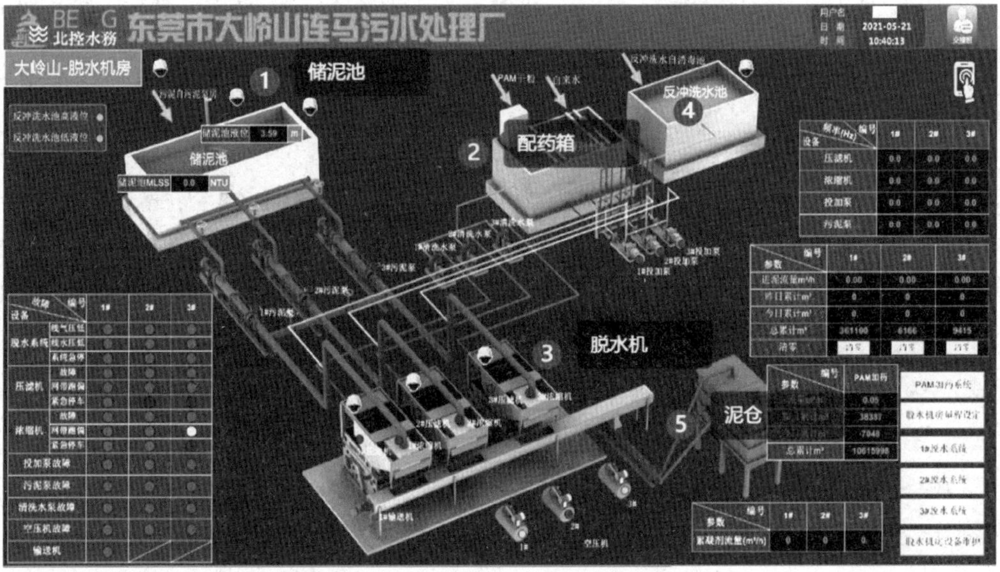

图 3.1-1　污泥脱水系统监控画面

（1）进泥调理单元：由储泥池和进泥泵构成；控制指标为进泥浓度和进泥泵能耗、效率。

（2）配药加药单元：由配药箱和加药泵构成；控制指标为配药浓度和加药量。

（3）脱水机：由浓缩机、压榨机、空压机等构成；控制指标为污泥含水率和产泥量。

（4）冲洗水系统：由水箱、冲洗水泵及配套管路等构成；控制指标为水泵能耗、效率和冲洗水压力。

（5）污泥输送储存单元：由螺旋输送机、泥仓构成；控制指标为输送机电耗。

带式机和离心机脱水后污泥含水率要求控制在 75%～80%，含水率太低会对脱水机的磨损加剧，耗药量高；含水率太高则不达标且污泥运输量变大。该指标主要通过进泥量和进泥浓度控制、药剂选配和投加量控制来改善。

板框压滤机脱水后污泥含水率要求控制在 60% 及以下，该指标主要通过进泥量和进泥浓度控制、药剂选配和投加量控制、压榨时间控制来改善。

进泥浓度和泥药配比的合理性对脱水系统自动稳定运行影响很大，自动控制系统主要通过控制进泥量和加药量配比来控制脱水系统自动运行，是污泥含水率达标的关键。

2．污泥脱水系统效能评价指标

污泥脱水系统效能评价以产泥量、单位能耗产干泥量、吨干泥耗药量为效能评价指标。

（1）带式脱水机效能评价得分=实际每米带宽产干泥量/每米带宽产干泥量基准值×40%+实际单位能耗产干泥量/目标单位能耗产干泥量×20%+目标吨干泥药剂费/实际吨干泥药剂费×40%；每一项最高分不超过权重。

带式压滤机以产能、吨干泥电耗和吨干泥药耗为效能评价指标。电耗分析以进泥泵和反冲洗水泵为重点。带式脱水机每米带宽产干泥量基准值为 160 kg/（m·h）。

（2）离心脱水机效能评价得分=实际每小时产干泥量/额定每小时产干泥量×40%+实际单位能耗产干泥量/目标单位能耗产干泥量×20%+目标吨干泥药剂费/实际吨干泥药剂费×40%；每一项最高分不超过权重。

离心脱水机以产能、吨干泥电耗和吨干泥药耗为效能评价指标。电耗分析以进泥泵和离心机为重点。

（3）板框脱水机效能评价得分=实际每板产干泥量/额定每板产干泥量×20%+目标吨干泥药剂费/实际吨干泥药剂费×60%+实际单位能耗产干泥量/目标单位能耗产干泥量×20%；每一项最高分不超过权重。

板框压滤机效能分析以产能、吨干泥电耗和吨干泥药耗为效能评价指标。电耗分析以进泥泵为重点。

四、注意事项

（1）带式脱水系统应加装进泥流量计、加药流量计、电量计量仪表等，记录脱水系统实际能效数据。

（2）选用高效进泥泵和高效反冲洗系统是带式污泥脱水系统能效控制的关键点。

子任务 3.2　通过运维平台监控污泥脱水系统自动高效运行

一、任务概述

学会通过集中控制系统运维平台的污泥脱水系统能效分析功能监控系统自动高效运

行的方法。

二、准备工作

1. 实训场地

（1）中控室；

（2）脱水系统安装现场。

2. 实训设备

（1）中控室上位机；

（2）运维平台能效管理功能。

三、方法步骤

1. 运维平台污泥脱水系统能效分析监控画面

污泥脱水系统能效分析监控画面（以带式脱水机为例）主要包括以下 6 部分（图 3.2-1）。

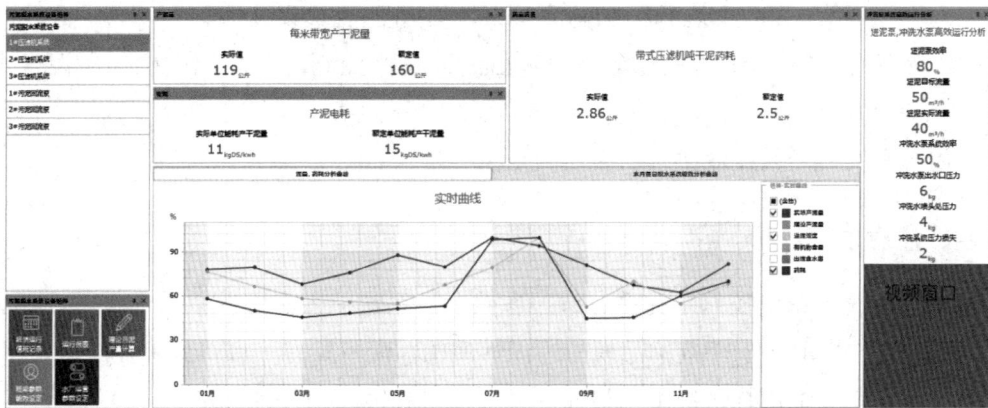

图 3.2-1　运维平台污泥脱水系统能效分析监控画面

（1）画面左侧是脱水机列表，选择某 1 台正在运行的脱水机，可以查看产泥量、电耗、药耗数据和曲线。

（2）主要指标：带式压滤机每米带宽产泥量（实际值、额定值）；实际单位电耗产干泥量（实际值、额定值）；吨干泥药耗（实际值、额定值）。

（3）实时曲线：进泥量、药耗、电耗等实时曲线；月度能效分析曲线。

（4）视频窗口：监视脱水机出泥口，观察污泥含水率。

（5）进泥泵、冲洗水泵高效运行分析。

（6）报表和参数设定：系统能效分析报表；脱水系统自动控制参数设定。

2. 污泥脱水系统主要效能指标监控

（1）带式压滤机每米带宽产泥量（实际值、额定值）：日常运行管理中可通过查看泥饼厚度判断产泥量；提高进泥浓度和污泥絮凝质量，控制脱水机滤布冲洗压力，滤布清洁到位，提高污泥压榨过滤能力。

带式压滤机每米带宽产泥量=进泥流量累计/（脱水机滤带宽度×运行小时数）

（2）单位电耗产干泥量（实际值、额定值）：是评价脱水系统能效水平的关键指标。日常运行管理中要监测进泥泵、冲洗水泵运行效率并保持在高效运行状态，降低电耗；调整脱水机产能在最佳水平，提高产泥量。

单位电耗产干泥量=进泥流量累计值/脱水系统总电量（总电量包含进泥泵、

冲洗水泵等所有单元耗电量）

（3）吨干泥药耗（实际值、额定值）：是评价脱水系统药耗水平的关键指标。日常运行管理中通过泥质分析和絮凝试验选择合适的絮凝剂，配药、化药良好，控制药剂投加配比，监测絮凝效果，控制药耗。

吨干泥药耗=加药流量累计值/进泥流量累计值

（4）污泥含水率：通过视频定时观测出泥性状，控制泥药配比，确保污泥含水率达标。

污泥含水率每天通过泥饼含水率化验得出。

四、注意事项

（1）污泥脱水系统控制单元多、调控参数多，系统能效指标既取决于设备性能和运转工况的匹配，也取决于药剂的品质与污泥性质的匹配，只有三者得到最佳的运转组合，才能实现最低絮凝剂消耗情况下，最佳的处理效果和最高的处理效率。

（2）所有现场管理和操作人员不能完全依赖自动控制系统，要不断观察、及时调整和善于总结，尽可能在可能发生的各种变化中寻求所有工况参数最佳的、相对稳定的完美配合。一般情况下，这种观察和调节最好 1～2 h 进行一次，要避免开机后设备运行工况参数很久或一个班次都不进行任何调整，以及污泥脱水系统运行效率不高、处理效果波动大和药耗浪费等情况发生。

子任务 3.3　通过运维平台分析调控污泥脱水系统
高效运行指标

一、任务概述

污泥脱水系统包含加药装置、冲洗水泵、进泥泵、加药泵等装置,深入研究污泥脱水系统,在生产管理中找到规律,实现高效运行。

二、准备工作

1. 实训场地

(1)中控室;

(2)脱水系统安装现场。

2. 实训设备

(1)中控室上位机;

(2)运维平台能效管理功能。

三、方法步骤

1. 污泥脱水系统能效分析界面

图 3.3-1 是集中控制系统运维平台上污泥脱水系统能效分析界面,通过曲线对单位能耗产干泥量、吨干泥药剂费、节约电耗、节约药剂费等指标进行分析评价,得出脱水系统能效评价分数。

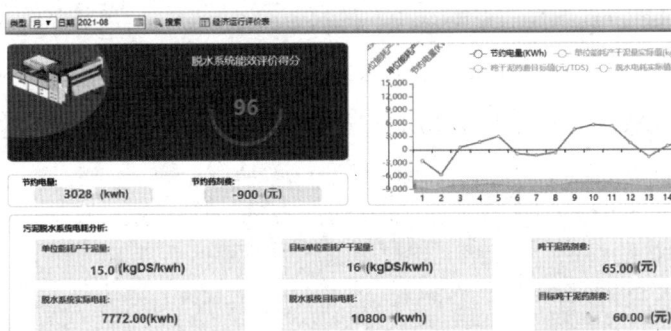

图 3.3-1　运维平台污泥脱水系统能效分析界面

2．污泥脱水系统能效分析

通过曲线分析可判定系统在某一时间段内是否运行在高效区间。要求运行管理人员明确相关监控指标的基准值和取值范围，这是优化系统控制参数确保系统处于高效自动运行状态的关键。然后通过以下指标实际值的评价打分，可以对系统能效控制水平做出判定，并对异常指标进行分析调控。

（1）单位能耗产干泥量：带式脱水机目标值≥16 kgDS/（kW·h）；离心脱水机目标值≥11 kgDS/（kW·h）；板框脱水机≥25 kgDS/（kW·h）。

如图 3.3-1 所示，带式机实际单位能耗产干泥量 15 kgDS/（kW·h），小于目标值 16 kgDS/（kW·h），该指标位于高效运行区内，故节约电量 3028 kW·h。

（2）吨干泥药剂费：带式脱水机目标值≤60 元/tDS；离心脱水机目标值≤80 元/tDS；板框脱水机≤180 元/tDS。

如图 3.3-1 所示，带式机实际吨干泥药剂费 65 元/tDS，大于目标值 60 元/tDS，该指标未位于高效运行区内，故药剂费多花 900 元，需要查找原因，加强管理。

四、注意事项

（1）板框脱水机产泥含水率 60%，带式脱水机和离心脱水机产泥含水率均为 80%，所以板框脱水机药剂费较高。

（2）板框脱水机系统复杂，能效评价指标和运行控制指标较多，不仅限于本任务所述指标。

子任务 3.4　污泥脱水系统自动高效运行异常情况分析处理

一、任务概述

学会污泥脱水系统运行指标异常对自动高效运行的影响，掌握异常情况分析处理方法。

二、准备工作

1．实训场地

（1）中控室；

（2）脱水系统安装现场。

2．实训设备

（1）中控室上位机；

（2）集中控制系统脱水系统监控画面。

三、方法步骤

污泥脱水系统效能评价以产泥量、单位能耗产干泥量、吨干泥耗药量为效能评价指标，目的是提高产能，降低成本。下面以带式污泥脱水系统为例，说明各单元运行参数对能效指标的影响，通过控制各单元自动控制参数达到整个脱水系统的高效运行。

1．污泥预浓缩及进泥单元

（1）通过污泥预浓缩提高进泥浓度，提高产能，降低电耗药耗。贮泥池非浓缩池，导致污泥浓度低，进泥泵选型大电耗高，因此应对储泥池进行改造，增加预浓缩功能。

（2）进泥浓度不稳定，开始进泥浓度高随后是清水，导致脱水机产泥量不稳定，含水率不稳定。出现这个问题一是储泥池搅拌器的开启不连续，导致进泥浓度不均匀；二是进泥泵磨损严重，进泥流量忽大忽小。

2．絮凝剂选配和投加单元

（1）絮凝剂的筛选：根据污泥来源、污泥性质分析、处理工艺、运行情况、处理设备、实验室小试等选择多家生产厂家不同型号的絮凝剂，对比试验，选取与本厂污泥性质匹配的絮凝剂型号。

（2）配制浓度：要求药剂使用浓度不能太高（0.15%～0.20%）。

（3）药的熟化时间：干粉至少需要 45 min 的溶解时间才能发挥最好的絮凝效果，取 60 min 以上为宜。

（4）配药水质：用洁净的软水，不可用混浊或有铁锈的水或高硬度的水（水体温度不能超过 40℃，高温会使黏度下降，低温致使不溶解）。

（5）絮凝剂投加时，污泥和药剂若不能充分混合，则会导致污泥絮凝效果差，药剂不能充分利用，未反应的絮凝剂沾到滤带上，导致滤带过滤效果差，影响产泥量，且浪费药剂。

3．滤布冲洗系统

（1）冲洗水洁净问题与压力要求。滤带出现"斑马线"表明喷头堵塞和喷射扇面不完整，影响产泥量。冲洗水喷头处压力要求 5 kg 以上，且冲洗水应洁净无堵塞物。

（2）冲洗水复杂的管线设计或管线管径过小，都会造成管线高阻力，导致冲洗水泵压力过高，能耗过高。

4．带式脱水机单元

（1）污泥和药剂投加比例：药剂过少，不能形成良好的絮团；过大则易过絮聚，最后泥饼易粘滤布，经济上不合理。

（2）污泥和药剂混合反应罐搅拌强度：强度不够，污泥和药剂混合不充分；强度过大，则会破坏已形成的絮团。

（3）浓缩段和压滤段滤布的带速、滤布的张紧度、压滤段上下滤布的压力差调整不合理，都会对污泥产量和含水率造成不良影响。

四、注意事项

（1）脱泥班人员要明确工作目标。污泥脱水系统效能评价目标有 3 个，分别是提高产量、降低电耗药耗成本和产泥含水率达标。

（2）脱泥班人员要整理统计原始数据，记录能效、药耗异常情况及处理过程，总结经济运行经验和建议，不断提高污泥脱水系统能效管理水平。

任务小结

通过本任务学习和实训，学会了污泥脱水系统高效自动运行指标和调控方法，掌握了运维平台监控污泥脱水系统高效运行、分析调控运行指标，了解了污泥脱水系统各单元异常对自动高效运行的影响和分析处理方法。

任务练习

扫码提问
AI技能培训助手
运行操作准备
水处理工艺
水质指标监测

（1）污泥脱水系统主要由哪几部分构成？主要控制指标是什么？

（2）污泥脱水系统效能评价有哪 3 个指标？

（3）写出带式脱水机效能评价公式。

（4）各类脱水机的单位能耗产干泥量目标值是多少？

（5）简述絮凝剂配药和投加单元运行异常对脱水系统高效运行的影响。

项目四

现场巡检与调控

扫码提问
AI技能培训助手
- 运行操作准备
- 水处理工艺
- 水质指标监测

学习目标

一、知识目标

掌握区域集中控制中心集中控制系统工艺和设备异常查看方法；掌握区域集中控制中心集中控制系统上报的流程和结果查看方法；熟悉主要工艺单元控制异常原因分析。

二、技能目标

掌握污水处理主要工艺单元的自动运行操作、状态分析和指标控制，具备运行值班、自动化过程调配和参数优化基本能力。

项目综述

本项目包括 3 项任务，分别是巡检装备维护、现场运行巡检与调控、现场设备巡检与操作。

任务 1　巡检装备维护

📊 任务目标

（1）能正确使用巡检装备。

（2）能按照巡检内容、巡检要求和巡检方法操作巡检仪。

（3）会对巡检装备进行简单维护。

任务实施

子任务 1.1　巡检仪上报和接收信息

一、任务概述

掌握巡检仪上报和接收的流程及上报内容的填写。

二、准备工作

1. 知识准备

主界面显示：用户登录后，即可进入日常巡检主界面，如图 1.1-1 所示。

主界面显示的内容有任务完成情况、天气及定位信息、快捷功能区、显示参数及任务列表。

任务完成情况：显示当天任务完成比例；

天气及定位信息：显示当天天气信息、登录人、登录时长、位置及定位的经纬度；

快捷功能区：显示巡检过程中的一些快捷键，后面将详细介绍；

显示参数区：显示当前分组主要关注的测量点信息，用户可滑动滑块到相应类别进行查看，点击条目，用户可查看该测量点对应的 24 h 内的历史数据，同时可查看更早之前的数据。

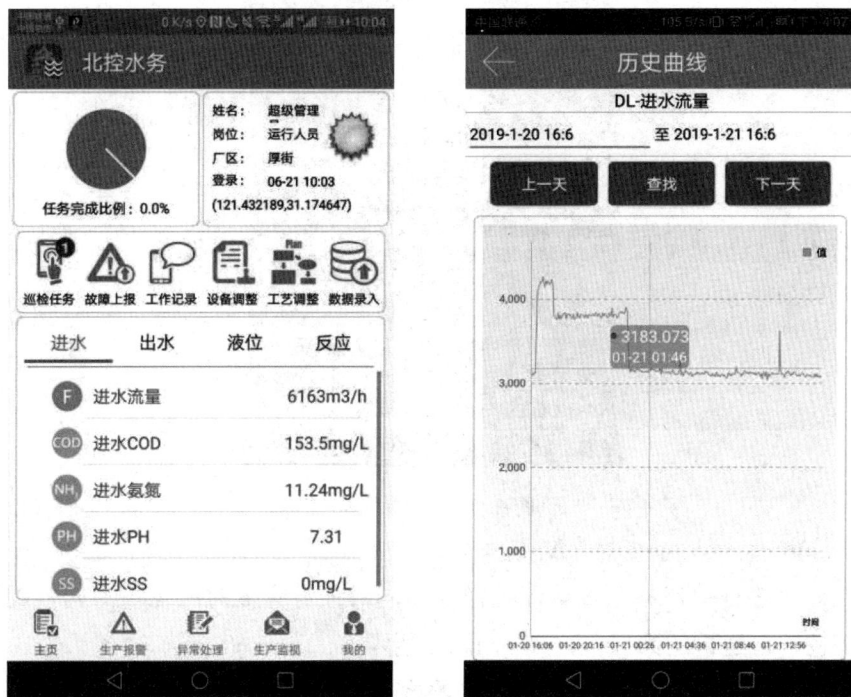

图 1.1-1　日常巡检主界面

2．实训场地

（1）区域集中控制中心；

（2）分厂厂区。

3．实训设备

区域控制中心控制室及分厂巡检仪。

三、方法步骤

1．巡检仪接收信息

（1）巡检仪一般接收集中控制中心的巡检任务和异常处理任务。点击"巡检任务"图标查看巡检任务列表如图 1.1-2 所示。

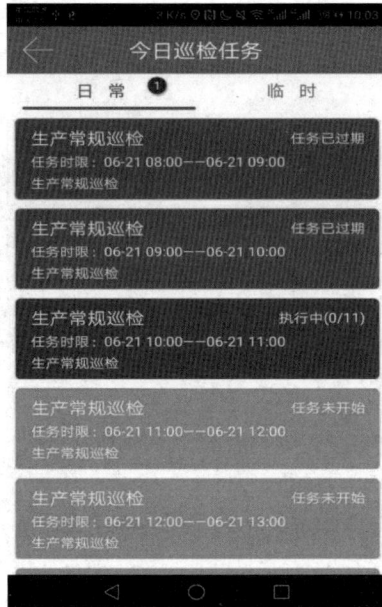

图 1.1-2　巡检任务

（2）点击"执行中任务"查看任务详情，同时任务完成时所需填写内容提交，未巡检的点为蓝色，已巡检的为绿色，如图 1.1-3 所示。

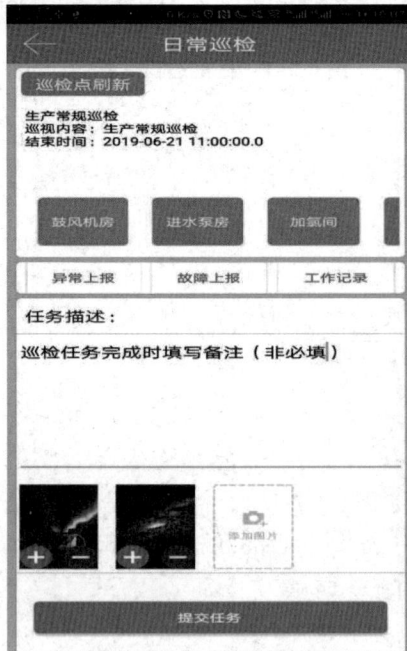

图 1.1-3　日常巡检任务

（3）用户按巡检路线到指定巡检点后，即可查看当前巡检点的测量点信息。用户可选择软件的巡检点列表中对应巡检点，跳转到二维码扫描界面，扫描现场巡检点处的二维码，可查看该巡检点测量点信息；或用户直接在巡检任务界面感应巡检点处的 NFC 卡，也可直接查看该巡检点测量点信息，巡检点结果如图 1.1-4 所示。

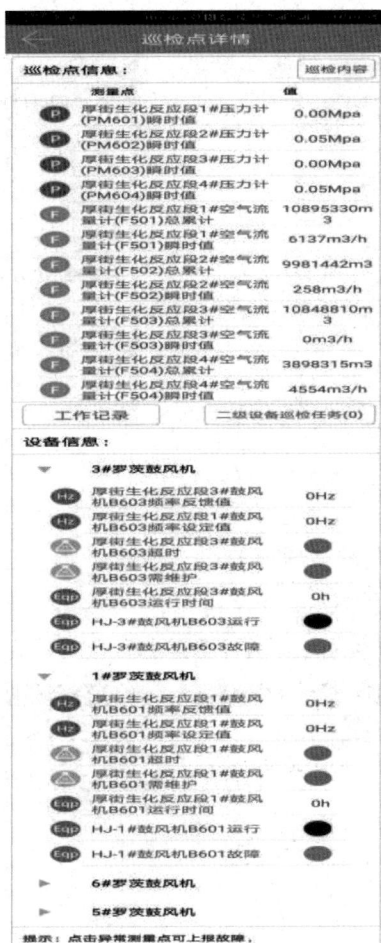

图 1.1-4　巡检点结果

2．巡检仪上报信息

（1）巡检时遇到问题，若发现不属于设备故障的异常有两种选择，在自身不能解决问题的情况下可以选择如图 1.1-3 中的异常上报进入异常上报界面（图 1.1-5），填写异常内容，选择故障位置及故障等级以及发生日期后，点击"提交"即可上报。

（2）若所发现异常可现场即刻解决则点击"工作记录"按钮进入工作记录界面，填写相关信息点击"提交"，如图 1.1-6 所示。

图 1.1-5　异常上报 1

图 1.1-6　异常上报 2

（3）若发现异常为设备故障导致，点击"故障上报"，进入故障上报界面，填写相关信息进行提交，提交前请将手机靠近设备 NFC 读取设备信息后点击"上报"，未关联设备将无法提交。故障上报界面如图 1.1-7 所示。

图 1.1-7　异常上报

四、注意事项

（1）巡检仪要轻拿轻放，防止磕碰。

（2）视频终端要佩戴牢固，防止掉落损坏。

子任务 1.2　巡检仪的维护保养

一、任务概述

了解巡检仪的基础知识及维护保养的注意事项。

二、准备工作

1．知识准备

熟悉巡检仪的基础知识。

2．实训场地

中控室集中控制系统。

3．实训设备

（1）区域集中控制中心操作计算机；

（2）巡检仪。

4．安全事项

关注巡检仪电量使用情况。

三、方法步骤

1．查看设备信息

点击"设置"→"设备"→"设备信息"，可查看设备型号、序列号、软件版本等设备信息。

2．查看电池状态

若需查看电池运行状态，可将电池运行状态信息导出到设备。

操作步骤：

（1）点击"设置"→"设备"→"电池信息导出"。

（2）点击"导出"，导出电池状态信息。

3．开启密码

可开启密码，在回放、记录助手登录、客户端登录、恢复出厂设置时需通过密码认证才可继续操作。

为提高数据安全，建议开启密码。操作步骤如下：

（1）点击"设置"→"系统设置"→"密码设置"。

（2）滑动开启密码。

4．修改密码

为提高数据安全，请定期修改设备密码。操作步骤如下：

（1）点击"设置"→"系统设置"→"密码设置"。

（2）点击"密码修改"。

（3）输入旧密码、新密码和确认密码。

（4）点击"确定"。

5．内存的清理

为了保证手机存储空间够用点击"设置-存储"按钮，确保存储空间剩余不少于1G。

6．恢复出厂值

配置参数出错导致设备功能异常时，可以恢复设备出厂设置。操作步骤如下：

（1）点击"设置"→"设备"→"参数重置"。

（2）选择重置方式。

7．恢复出厂设置

点击"恢复出厂设置"，设备所有参数恢复到出厂设置。

8．恢复默认参数

当设备出现故障时，可点击"恢复默认参数"，除了网络参数、蓝牙、操作密码等，其余参数恢复到出厂设置。

四、注意事项

（1）巡检仪恢复出厂设置等复杂维护应由专业工程师操作。

（2）巡检仪出现故障时应咨询厂家处理，自行处理有可能扩大故障范围。

子任务 1.3 巡检工具常见异常及处理

一、任务概述

了解巡检工具的常见异常情况及处理方法。

二、准备工作

1．知识准备

熟悉巡检工具的使用方法。

2．实训场地

中控室集中控制系统。

3．实训设备

（1）区域集中控制中心操作计算机；

（2）巡检工具智能设备等。

三、方法步骤

1．巡检仪异常及处理方法

（1）巡检仪无法开机，检查电量及相关的开、关机按钮。

（2）巡检仪触摸不灵敏，实施触摸屏校准功能，并用清洁剂擦拭屏幕。

（3）巡检仪内存小，运行卡顿，检查：点击"设置-存储"按钮，确保存储空间剩余不少于 1G，利用相应的内存工具清理缓存空间，释放内存容量。

（4）巡检仪无法联网，检查网络连接功能或者 4G/5G 网络是否开启。

2．视频通信终端异常及处理方法

（1）视频通信终端无法开机，检查电量及相关的开、关机按钮。

（2）视频通信终端触摸不灵敏，实施触摸屏校准功能，并用清洁剂擦拭屏幕。

（3）视频通信终端内存小，运行卡顿，检查：点击"设置-存储"按钮，确保存储空间剩余不少于 1G，利用相应的内存工具清理缓存空间，释放内存容量。

（4）视频通信终端无法联网，检查网络连接功能或者 4G/5G 网络是否开启。

3．救生装备异常及处理方法

由于救生装备属于安全物资，一旦救生装备异常，需要移交外面专业公司进行专业维修与检定。一旦救生装备损坏无法修复，应及时更换救生装备，保证生产。

4．安全帽异常及处理方法

由于安全帽属于安全物资，一旦安全帽异常，应及时更换安全帽，保证安全生产。

5．震动检测仪异常及处理方法

（1）震动仪无法开机，检查电量及相关的开、关机按钮。

（2）震动检测仪数值变化偏差，检查相关的传感器，并实时进行校准。

6．测温仪异常及处理方法

（1）测温仪无法开机，检查电量及相关的开、关机按钮。

（2）测温仪数值变化偏差，检查相关的传感器，并实时进行校准。

四、注意事项

（1）巡检装备应定期检查有效性，定期检验安全性。

（2）巡检仪器使用完毕应妥善保管维护，建立管理责任人制度。

子任务 1.4　巡检仪软件的更新和基本设置

一、任务概述

了解巡检仪手机的软件更新操作和基础设备，并具有一定的维护知识。

二、准备工作

1．知识准备

巡检仪的使用方法。

2．实训场地

中控室集中控制系统。

3．实训设备

巡检仪。

三、方法步骤

1．巡检仪软件的更新

（1）打开巡检仪手持端，获取版本号如图 1.4-1 所示。

图 1.4-1　巡检仪手持端界面

（2）登录区控运维平台选择首页页面，在首页页面左上角点击图标"App"，显示安装包下载二维码，如图 1.4-2 所示。

图 4.1.2　巡检管理 App 下载位置

（3）打开巡检仪（本例以华为手机作为巡检仪）自带浏览器，在检索框左侧点击"扫描"按钮，然后将巡检仪摄像头对准区控运维平台二维码，系统自动识别二维码弹出"文件下载"窗口，手动点击"确认"按钮，系统自动下载安装包。

（4）在巡检仪屏幕用手指从上往下轻轻滑动就能划出一个窗口，可查看下载进度，当下载完成，系统自动文字提醒。

（5）在系统自动弹出的巡检管理 App 安装页面，点击"继续安装"按钮，安装 App。

（6）App 安装完成，系统自动弹出安装成功页面，可以选择"完成"或"打开"。当选择完成，返回到巡检仪首页面，当选择打开时，则启动已安装的 App，进入登录页面。

（7）巡检管理 App 安装完成后，在巡检仪主页面可以看到 App 图标"⬜"，表示安装完成，双击图标进入登录页面。

2. 巡检仪软件的登录基本设置

（1）软件初始登录会进入登录界面，如图 1.4-3 所示。

（2）第一次登录软件会检测是否设置 IP，若未设置 IP 则点击"确定"进入服务器设置界面（后面如果想改动 IP 可双击右下角版本号进入设置界面），如图 1.4-4 所示。

（3）如图 1.4-4 所示，根据输入框提示设置厂内 IP 和厂外 IP，设置好后点击"完成"返回登录界面，点击输入框下方"厂内""厂外"选择按钮切换到厂内、外 IP 地址。IP 切换好后点击"设置"进入设置界面，如图 1.4-5 所示。

（4）如图 1.4-5 所示，点击选择区域、厂区和组别。选择好后，点击"完成"返回登录界面即可登录。

图 1.4-3　登录界面图　　　　图 1.4-4　登录设置界面　　　图 1.4-5　厂区及组别设置界面

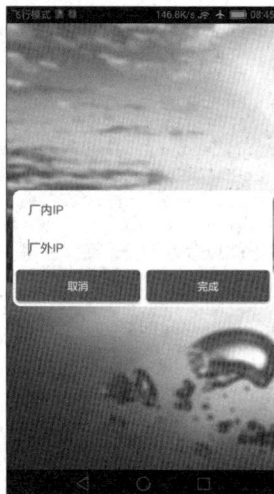

四、注意事项

移动巡检 App 在安装时务必同意 App 所需的所有功能权限，本软件不会窃取用户信息，获取手机 IMEI 号等只是为区控运维平台以及数据库安全考虑，限制登录。厂区员工手机在平台录入手机 IMEI 号后，安装北控水务 App 时同意所有权限方可登入 App，不然则显示为该设备不允许在当前厂区登录。

任务 2 现场运行巡检与调控

任务目标

通过使用各智能化系统功能，掌握生产现场与集中控制中心工艺异常上报及处理能力，包括：

（1）熟悉工艺运行巡检及异常处理方法。在巡检过程中，学会使用 App 上报异常，集中控制系统处理异常。

（2）熟悉工艺管线巡检及阀门调控方法。在巡检过程中，学会使用 App 上报阀门调控工单，集中控制系统调控处理工单。

（3）熟悉一般工艺运行异常巡检及现场调整方法，学会使用集中控制系统下发临时任务，App 接收任务，实施现场调整并提交。

（4）熟悉运行巡检记录查询及运行异常统计分析，学会使用运维平台查看巡检记录，统计并分析运行异常。

基础知识

组团式高效智能污水处理厂，是指以"人机协同、少人高效"为目标，通过多个污水处理厂"组团式"集中控制系统建设，实现集约化运营；通过强化"自动化+信息化+移动应用"的多系统互联、互通、互动安全保障功能，实现多个污水处理厂运行、巡检、维护维修及安保的集中管理，充分发挥集中控制系统作用，尽量用系统代替人工作，通过信息共享提高工作效率，转变传统污水处理厂运维模式，从而减少运维人员，实现污水处理厂少人高效管理。平台与各系统联动关系如图 2-1 所示。

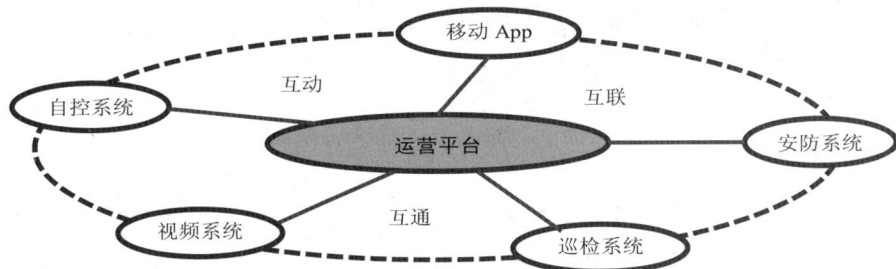

图 2-1 平台与各系统联动关系

任务实施

子任务 2.1　工艺运行巡检及异常处理

一、任务概述

在污水处理厂，巡检人员现场生产巡检过程中发现进水异常时，会使用 App 上报异常，集中控制中心当班人员能够使用集中控制系统处理异常。

二、准备工作

1. 知识准备

（1）掌握工艺运行异常分类，异常现象；

（2）熟悉工艺运行异常处理流程。

2. 实训场地

（1）生产现场进水区；

（2）集中控制中心。

3. 实训设备

（1）中控室上位机；

（2）巡检仪及安全防护装备。

4. 安全事项

现场工艺运行巡检时，存在巡检人员落水风险。因此巡检前，巡检人员应严格检查安全防护装备的完好情况，并按规定穿戴装备。

三、方法步骤

巡检人员现场巡检时，发现进水区有大量泡沫现象，判断有非生活类污水流入厂内，会对后续生产工艺单元的生化系统造成严重冲击，存在出水不达标风险，需要及时上报工艺异常。来水异常画面如图 2.1-1 所示。

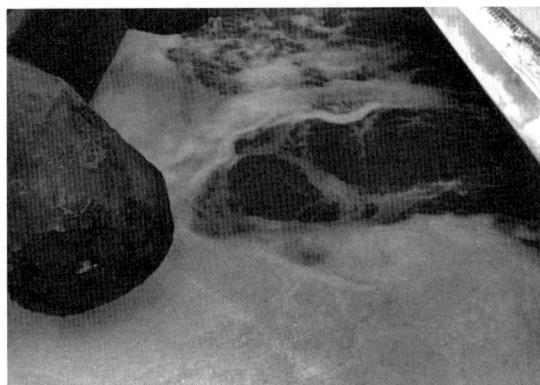

图 2.1-1　来水异常画面

1. 进水工艺异常通知单上报

（1）工艺异常通知单创建。在巡检仪 App 上点击"运行异常上报"按钮，进入工艺运行类异常上报通知单模板页面。系统自动生成上报人、制单时间。工艺异常通知单页面如图 2.1-2 所示。

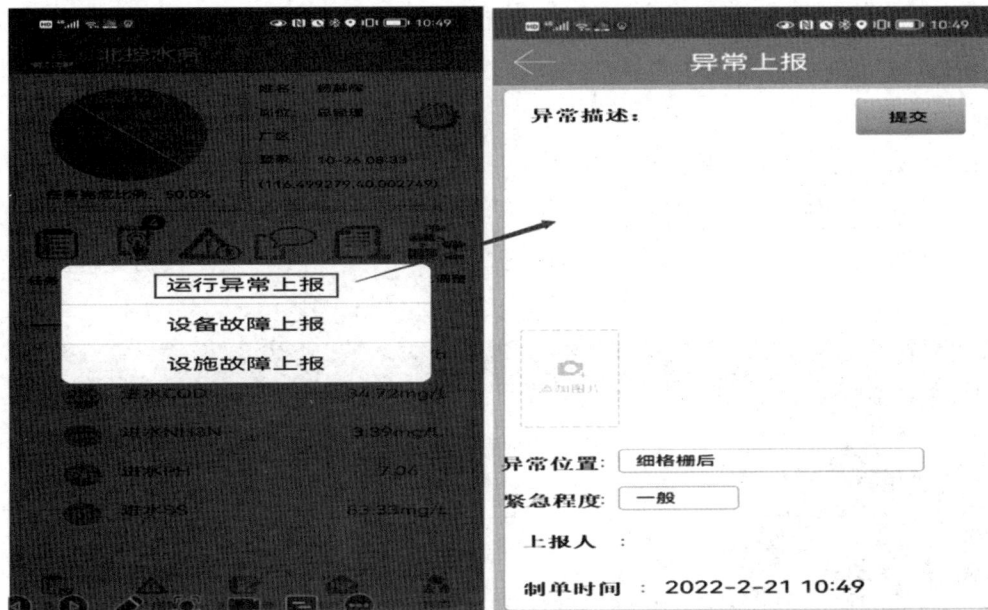

图 2.1-2　工艺异常通知单页面

（2）工艺异常情况填报。在异常上报通知单页面，上报人选择异常情况所在工艺单元，使用拍照功能对现场工艺异常（最多 4 张）情况拍照形成图片记录，并对异常现象进行文字描述。工艺异常填报画面如图 2.1-3 所示。

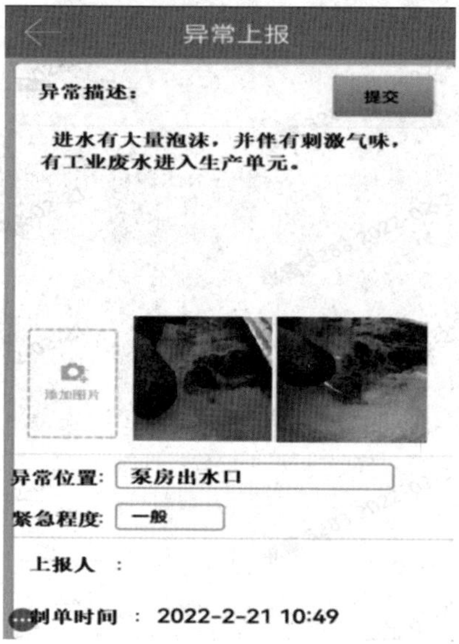

图 2.1-3　工艺异常填报画面

（3）工艺异常上报。上述操作完成后，上报人点击"提交"按钮，系统对异常通知单进行完整性自检，并将通知单推送到集中控制中心集中控制系统，通知集中控制中心当班人员处理。

2．进水工艺异常通知单处理

（1）异常通知接收。集中控制中心集中控制系统将各分厂现场人员上报的工艺异常通知单以弹窗形式自动显示在集中控制首页，提示集中控制中心当班人员处理。工艺异常通知弹窗如图 2.1-4 所示。

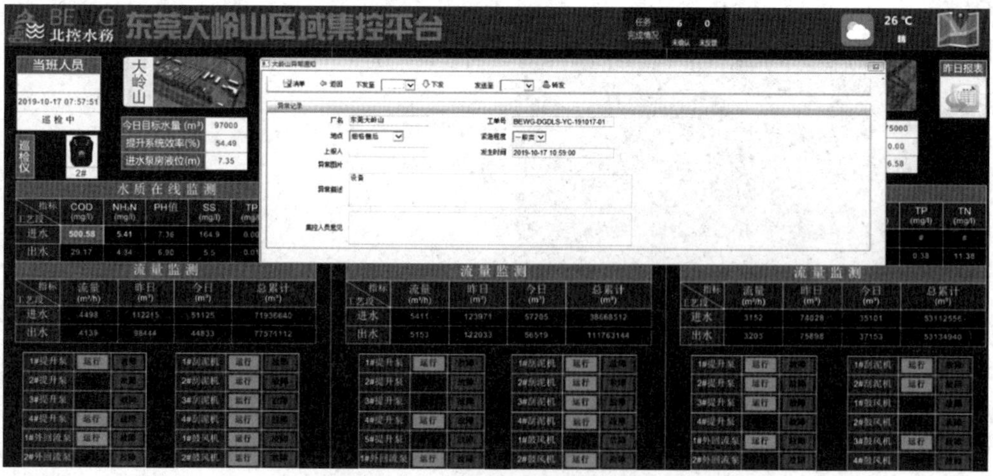

图 2.1-4　工艺异常通知弹窗

（2）工艺异常查看。在集中控制系统上，集中控制中心当班人员在异常通知提示弹窗窗口点击"是"，查看分厂工艺异常信息，工艺异常通知单页面如图 2.1-5 所示。

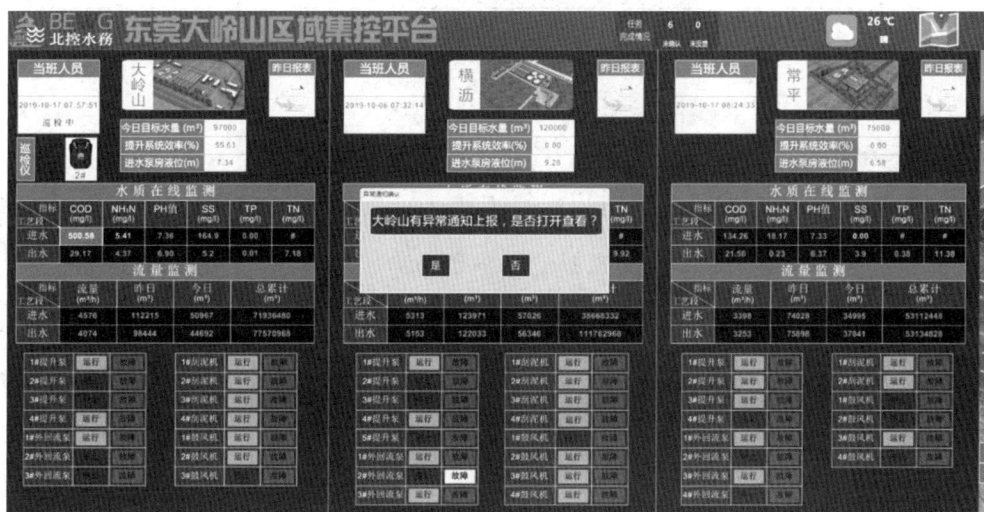

图 2.1-5　工艺异常通知单页面

（3）异常处理。集中控制中心当班人员对上报的异常进行分析，使用集中控制系统进行工艺调控，如增加药剂投加量、减少进水量等。并在工艺异常通知单集中控制处理意见框内填写调控内容。

四、注意事项

（1）通过巡检仪 App 工单状态功能，上报人查看其上报的异常通知单是否已被集中控制中心当班人员阅读，如显示未读，需尽快联系集中控制中心当班人员查看。

（2）当巡检人员在现场发现工艺异常分类中的重大异常情况时，应立即启动应急预案，并按照应急预案要求进行操作。

（3）当集中控制系统弹出分厂工艺异常通知单弹窗时，集中控制中心当班人员应暂停正在执行的非紧急工作，先行处理异常通知单。

子任务 2.2　工艺管线巡检及阀门调控

一、任务概述

在污水处理厂，巡检人员现场生产巡检过程中需调控阀门时，会使用 App 上报设备调整通知单，集中控制中心当班人员能够使用集中控制系统进行设备调控操作。

二、准备工作

1．知识准备

掌握污水处理厂生产设备操作作业流程。

2．实训场地

（1）生产现场生化池好氧区；

（2）集中控制中心。

3．实训设备

（1）中控室上位机；

（2）巡检仪及安全防护装备。

4．安全事项

现场工艺运行巡检时，存在巡检人员落水风险。因此巡检前，巡检人员应严格检查安全防护装备的完好情况，并按规定穿戴装备。

三、方法步骤

巡检人员现场巡检时，发现生化池好氧区某 1 条曝气支管上的一部分曝气头脱落，导致空气集中从脱落的连接曝气头的接口上流出，致使邻居曝气支管上的正常曝气头不出气。因此，需要关闭故障曝气支管上的气动阀门。生化池好氧区画面如图 2.2-1 所示。

图 2.2-1　生化池好氧区画面

1．设备调整工单上报

（1）设备调整工单创建。在巡检仪 App 上点击"设备调整"按钮，进入设备调整申请单模板页面。系统自动生成申请人、所属厂。设备调整工单页面如图 2.2-2 所示。

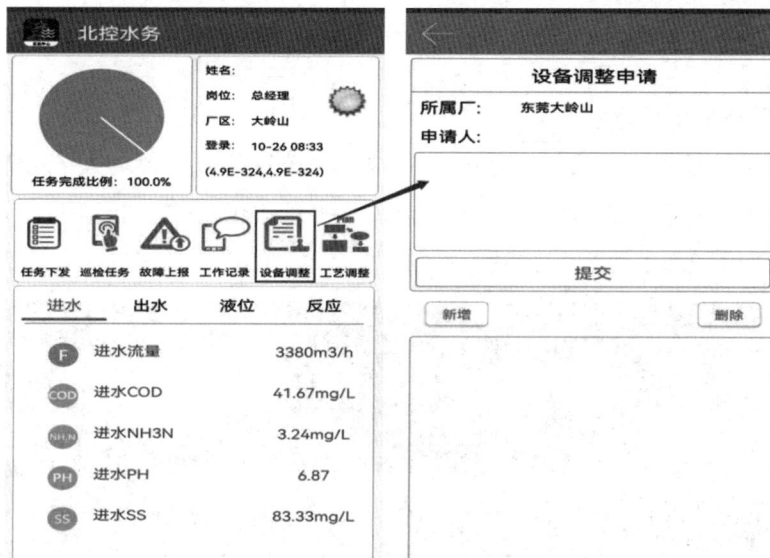

图 2.2-2　设备调整工单页面

（2）设备调整工单填报。在设备调整工单页面，申请人点击"新增"按钮进入设备信息页面，搜索需要调控的设备名称如"1#GT 系列阀门气动执行器"，然后单击设备名称所在框的任意位置将需调控设备名称添加到待调整设备区，最后选择调控要求如开阀门/关阀门。待调整设备添加页面如图 2.2-3 所示。

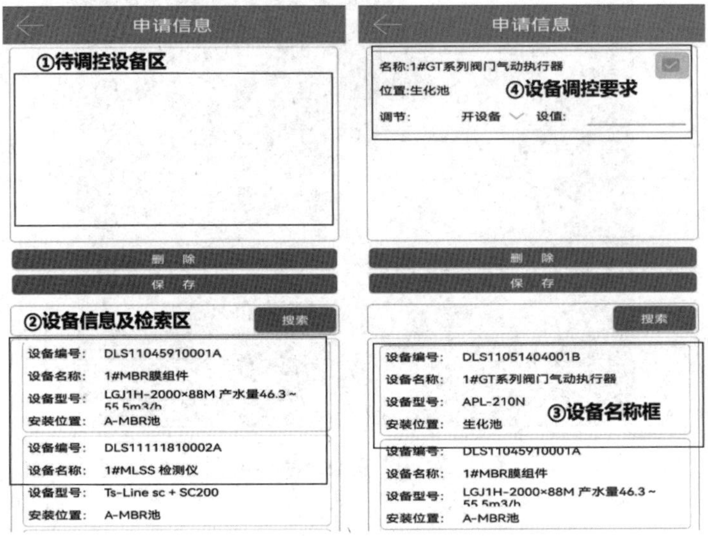

图 2.2-3　待调整设备添加页面

（3）设备调整工单上报。上述操作完成后，申请人点击"保存"按钮，申请单返回到待提交页面。申请人可填写注意事项后提交，也可直接点击"提交"按钮上报设备调整工单。

2．设备调整工单处理

（1）调整工单提醒。集中控制中心集中控制系统将各分厂现场人员上报的设备调整工单以弹窗形式自动显示在集中控制平台首页，提示集中控制中心当班人员处理。设备调整工单弹窗如图 2.2-4 所示。

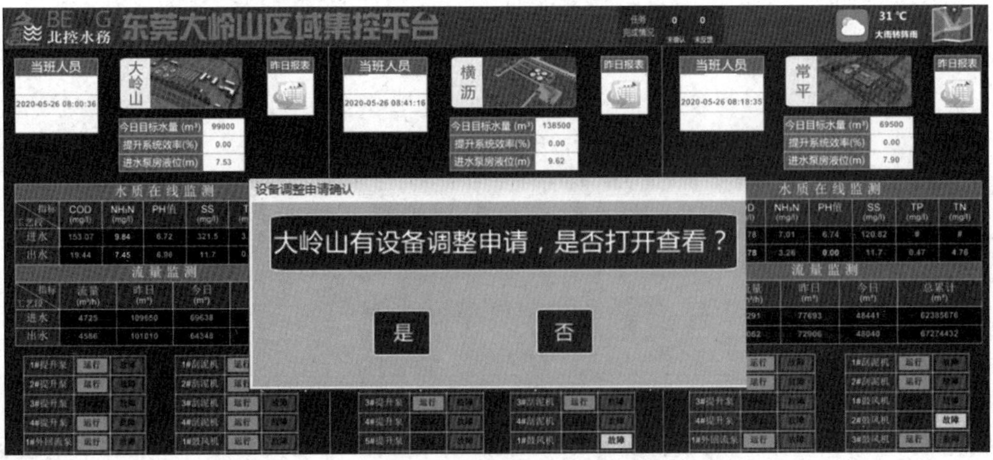

图 2.2-4　设备调整工单弹窗

（2）设备调整工单查看。在集中控制系统上，集中控制中心当班人员在设备调整工单通知提示弹窗窗口点击"是"，查看分厂需调控设备及调控要求；也可在功能区使用生产调整选择设备调整查看需调控设备工单。设备调整工单页面如图 2.2-5 所示。

图 2.2-5　设备调整工单页面

（3）设备调整工单处理。集中控制中心当班人员，首先按照设备调整工单要求，并结合实际工艺生产情况进行设备调控操作，操作完成需观察设备运行情况直到设备稳定，然后在设备调整工单结果框内填写调控完成情况。最后点击"反馈"按钮，将设备调整工单执行结果反馈给申请人。

四、注意事项

（1）在非紧急情况下，分厂生产设备的调控操作均需由集中控制中心当班人员完成，分厂现场人员无调控设备权限。

（2）通过巡检仪 App 工单状态功能，申请人查看其上报的设备调控工单是否已被集中控制中心当班人员阅读，如显示未读，需尽快联系集中控制中心当班人员查看。

（3）当集中控制系统弹出分厂设备调整工单弹窗时，集中控制中心当班人员应暂停正在执行的非紧急工作，先行处理异常通知单。

子任务 2.3　一般工艺运行异常巡检及现场调整

一、任务概述

集中控制中心当班人员在集中控制系统上发现某分厂进水指标异常，下发临时任务给分厂当班人员到生产现场进行巡检及处理。

二、准备工作

1. 知识准备

（1）掌握污水处理厂工艺异常分类，异常现象；

（2）掌握污水处理厂工艺异常现场初步识别分析方法；

（3）了解工艺异常处理流程。

2. 实训场地

（1）生产现场进水区；

（2）集中控制中心。

3. 实训设备

（1）中控室上位机；

（2）巡检仪及安全防护装备。

4. 安全事项

现场工艺运行巡检时，存在巡检人员落水风险。因此巡检前，巡检人员应严格检查安全防护装备的完好情况，并按规定穿戴装备。

三、方法步骤

在集中控制系统上，集中控制中心当班人员发现某分厂进水实时 pH 低于设计要求的最低值，及时采取增加药剂投加量，调节进水量等工艺调控措施，但持续观察一段时间后 pH 仍持续下降，需安排分厂当班人员到现场进一步查看并处理。

1. 临时任务下发

（1）临时任务工单创建。在集中控制系统功能区上选择生产调控功能进入菜单页面，单击"工艺调整"按钮临时任务创建页面（系统默认）。系统自动生成下单人、下单时间。临时任务工单页面如图 2.3-1 所示。

图 2.3-1　临时任务工单页面

（2）临时任务工单任务填报。在临时任务工单页面，下单人首先选择所属分厂，系统自动生成接单人信息，然后在任务名称框填写异常所在区域及异常类型，在任务描述框填写任务要求。

（3）临时任务工单下发。上述操作完成后，下单人点击"下发"按钮，系统自动实时将临时任务发送到工艺异常所在分厂当班人员的巡检仪。

2．临时任务处理

（1）临时任务提醒与查看。分厂巡检仪接收到集中控制中心下发的临时任务工单后，自动发出提示声音并显示在巡检仪首页。分厂当班人员在巡检仪 App 可直接点击首页"任务名称"进入临时任务工单页面查看任务要求，也可在巡检仪 App 首页点击"巡检任务"进入临时任务列表内查看临时任务要求。临时任务弹窗如图 2.3-2 所示。

（2）临时任务处理。分厂当班人员，首先穿戴好安全防护装备，领用现场分析判断异常所需的检测仪器仪表，如便携式 pH 仪、取样瓶等，然后按照任务要求以及工艺异常分析处理流程，到异常所在区域进行现场处理。

（3）临时任务反馈。分厂当班人员现场处理完成后，在临时任务工单页面任务描述框内填写完成情况，同时可拍摄并上传现场照片，以便下单人更直观地了解现场情况。完成上述操作点击"完成"提交，系统自动将临时任务结果推送给下单人。临时任务反馈内容填报页面如图 2.3-3 所示。

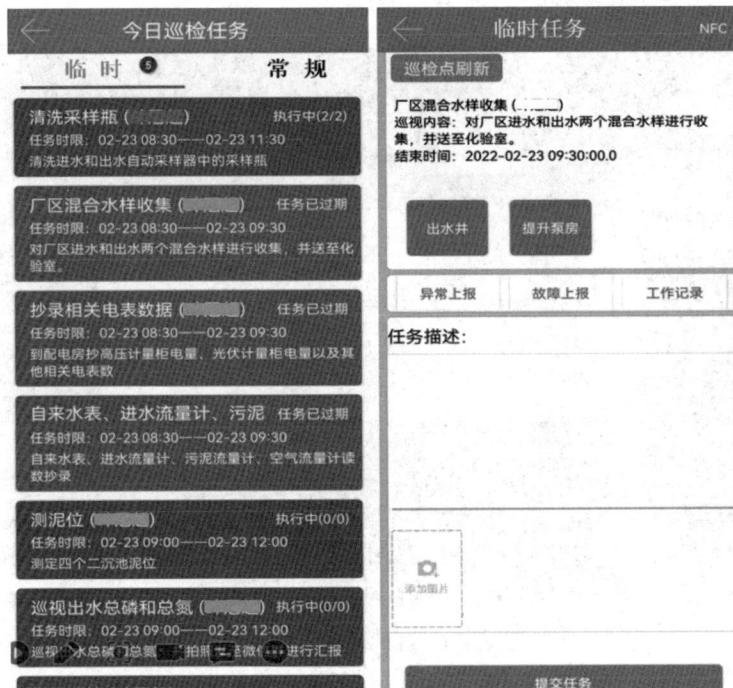

图 2.3-2 临时任务弹窗

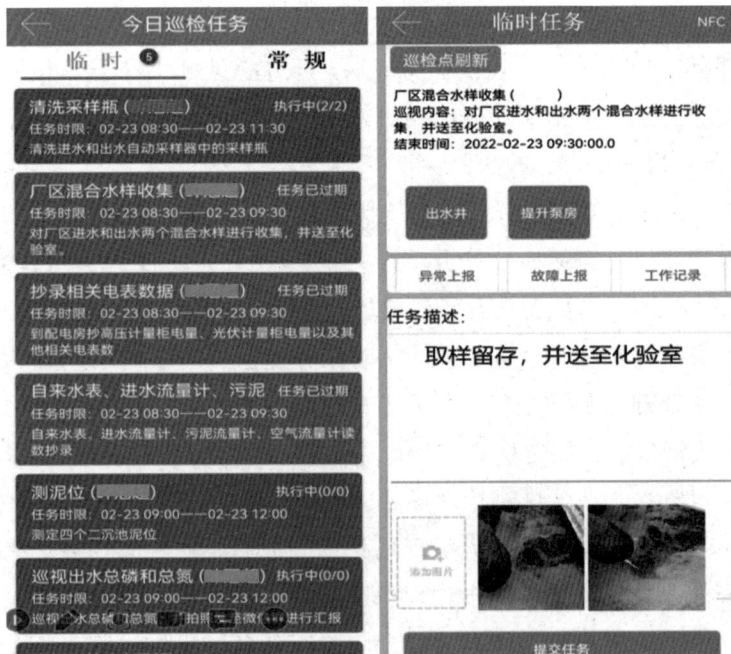

图 2.3-3 临时任务反馈内容填报

四、注意事项

（1）分厂当班人员值班期间，应随身携带巡检仪，及时关注巡检仪接收的各类任务工单。

（2）通过集中控制系统工单状态功能，下单人查看其下发的临时任务工单是否已被分厂当班人员阅读，如显示未读，需尽快联系分厂当班人员查看。

（3）当集中控制系统弹出分厂临时任务工单弹窗时，分厂当班人员应暂停正在执行的非紧急工作，先行处理临时任务工单。

子任务 2.4　运行巡检记录查询及运行异常统计分析

一、任务概述

熟悉使用运维管理平台查看分厂运行巡检记录，统计分析运行异常。

二、准备工作

1．知识准备

（1）掌握运维平台常用功能及作用；

（2）熟练操作运维平台。

2．实训场地

线上运维管理平台。

3．实训设备

浏览器 IE9 以上的办公用计算机。

4．安全事项

运维管理平台岗位职责进行功能权限设置，保证信息安全。

三、方法步骤

1．运行巡检记录查询

（1）操作人使用具有权限的个人账户及密码登录运维管理平台。

（2）通过运维平台功能菜单列表，操作人选择"巡检管理—巡检记录—生产巡检记录"进入巡检记录查询页面，系统默认登录账户所属厂的当前月运行巡检记录，同时提供自定义检索功能，检索功能有日期选择和所属厂选择两种方式，操作人可使用生产记录页面上方的检索功能自定义选择要查看的运行巡检记录。运行巡检记录查询页面如图2.4-1 所示。

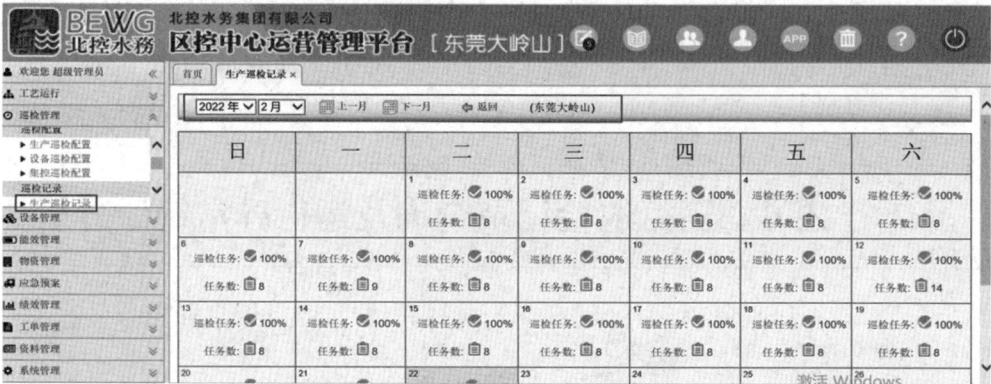

图 2.4-1　运行巡检记录查询页面

（3）生产巡检记录查看。生产巡检记录以天为单位显示，操作人点击要查看日期框进入当日历史运行巡检任务列表页面，选择要查看的任务名称双击查看详细内容。运行巡检任务记录页面如图 2.4-2 所示。

图 2.4-2　运行巡检任务记录页面

2. 运行异常统计

运维平台自动将各分厂上报的运行异常通知单进行归档。具有权限操作人可通过运维平台上"巡检管理—运行异常"页面查询运行异常记录。运行异常通知单查询页面如图 2.4-3 所示。

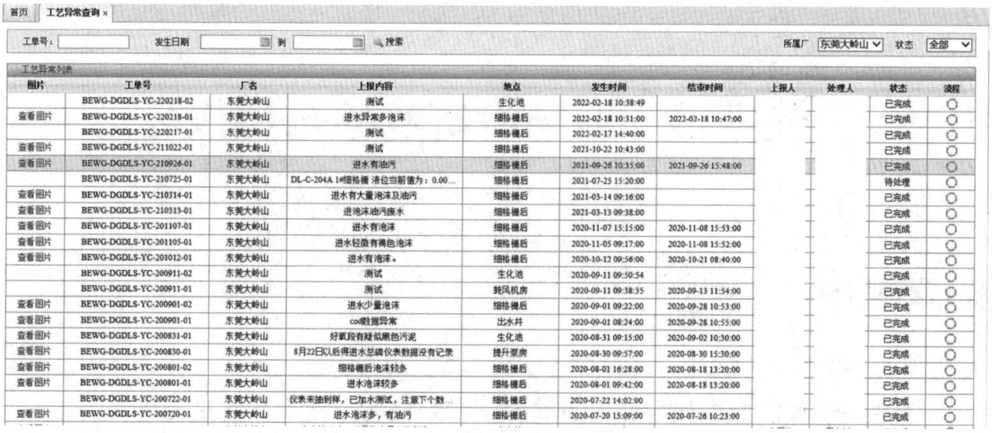

图片	工单号	厂名	上报内容	地点	发生时间	结束时间	上报人	处理人	状态	流程
	BEWG-DGDLS-YC-220218-02	东莞大岭山	测试	生化池	2022-02-18 10:38:49				已完成	○
查看图片	BEWG-DGDLS-YC-220218-01	东莞大岭山	进水异常多泡沫	细格栅后	2022-02-18 10:31:00	2022-02-18 10:47:00			已完成	○
	BEWG-DGDLS-YC-220217-01	东莞大岭山	测试	细格栅后	2022-02-17 14:40:00				已完成	○
查看图片	BEWG-DGDLS-YC-211022-01	东莞大岭山	测试	细格栅后	2021-10-22 10:43:00				已完成	○
查看图片	BEWG-DGDLS-YC-210926-01	东莞大岭山	进水有油污	细格栅后	2021-09-26 10:35:00	2021-09-26 15:48:00			已完成	○
	BEWG-DGDLS-YC-210725-01	东莞大岭山	DL-C-204A 1#细格栅 液位当前值为：0.00…	细格栅后	2021-07-25 15:20:00				待处理	○
查看图片	BEWG-DGDLS-YC-210314-01	东莞大岭山	进水有大量泡沫及油污	细格栅后	2021-03-14 09:16:00				已完成	○
查看图片	BEWG-DGDLS-YC-210313-01	东莞大岭山	进泡沫油污废水	细格栅后	2021-03-13 09:38:00				已完成	○
查看图片	BEWG-DGDLS-YC-201107-01	东莞大岭山	进水有泡沫	细格栅后	2020-11-07 15:15:00	2020-11-08 15:53:00			已完成	○
查看图片	BEWG-DGDLS-YC-201105-01	东莞大岭山	进水轻微有褐色泡沫	细格栅后	2020-11-05 09:17:00	2020-11-08 15:52:00			已完成	○
查看图片	BEWG-DGDLS-YC-201012-01	东莞大岭山	进水有泡沫。	细格栅后	2020-10-12 09:56:00	2020-10-21 08:40:00			已完成	○
	BEWG-DGDLS-YC-200911-02	东莞大岭山	测试	生化池	2020-09-11 09:50:54				已完成	○
	BEWG-DGDLS-YC-200911-01	东莞大岭山	测试	鼓风机房	2020-09-11 09:38:35	2020-09-13 11:54:00			已完成	○
查看图片	BEWG-DGDLS-YC-200901-02	东莞大岭山	进水少量泡沫	细格栅后	2020-09-01 09:22:00	2020-09-28 10:53:00			已完成	○
查看图片	BEWG-DGDLS-YC-200901-01	东莞大岭山	cod数据异常	出水井	2020-09-01 08:24:00	2020-09-28 10:55:00			已完成	○
查看图片	BEWG-DGDLS-YC-200831-01	东莞大岭山	好氧段有疑似黑色污泥	生化池	2020-08-31 09:15:00	2020-09-02 10:30:00			已完成	○
查看图片	BEWG-DGDLS-YC-200830-01	东莞大岭山	8月22日以后得进水总磷仪表数据没有记录	提升泵房	2020-08-30 09:57:00	2020-08-30 15:30:00			已完成	○
查看图片	BEWG-DGDLS-YC-200801-02	东莞大岭山	细格栅后泡沫较多	细格栅后	2020-08-01 16:28:00	2020-08-18 13:20:00			已完成	○
查看图片	BEWG-DGDLS-YC-200801-01	东莞大岭山	进水泡沫较多	细格栅后	2020-08-01 09:42:00	2020-08-18 13:20:00			已完成	○
	BEWG-DGDLS-YC-200722-01	东莞大岭山	仪表未抽到样，已加水测试，注意下个数…	细格栅后	2020-07-22 14:02:00				已完成	○
查看图片	BEWG-DGDLS-YC-200720-01	东莞大岭山	进水泡沫多，有油污	细格栅后	2020-07-20 15:09:00	2020-07-26 10:23:00			已完成	○

图 2.4-3　运行异常通知单查询页面

四、注意事项

（1）运维平台上的运行巡检记录和运行异常记录只能查看不可修改，但可以删除，删除后无法找回。因此，有权限人员操作时需要特别注意，避免因操作失误导致数据丢失。

（2）运行异常记录表是运行工程师进行分厂生产工艺分析、调控的重要依据，是整个系统的底层数据源。因此，账号权限设置需严格按照公司管理要求执行。

任务 3　现场设备巡检与操作

📊 任务目标

（1）掌握高、低压配电设备巡检与注意事项。

（2）掌握高、低压配电设备状态点检方法，熟记安全距离和防护措施。

（3）能识别电气开关设备异响、过热、告警等异常并进行相应处理。

（4）能现场操作开关设备、调节运行参数并进行巡检维保。

📁 任务综述

　　高、低压电气设备巡检是污水处理厂日常巡检的重要内容，是保障污水处理厂用电设备安全运行的基础。本任务主要讲述和实训高、低压配电系统和常用机电设备的巡检、操作、维保和安全防护。

任务实施

子任务 3.1　高、低压配电设备巡检与注意事项

一、任务概述

　　识记污水处理厂常用高、低压配电系统及其巡检方法、注意事项，熟悉高、低压配电系统巡检内容。

二、准备工作

1．实训场地

污水处理厂高、低压配电室。

2．实训设备

（1）污水处理厂高、低压一次系统接线图模拟屏；

（2）高压开关柜；

（3）低压开关柜；

（4）变压器柜。

3．巡检工具

（1）巡检仪；

（2）红外测温仪；

（3）手电筒。

三、方法步骤

1．高、低压配电系统运行状态总图

进入高、低压配电室后，首先通过模拟屏或微机监控画面上高、低压一次系统接线图（图 3.1-1）了解高、低压电气系统运行情况，查看高、低压开关分合情况，根据电气设备的布置和运行状况确定合理的巡检路线。

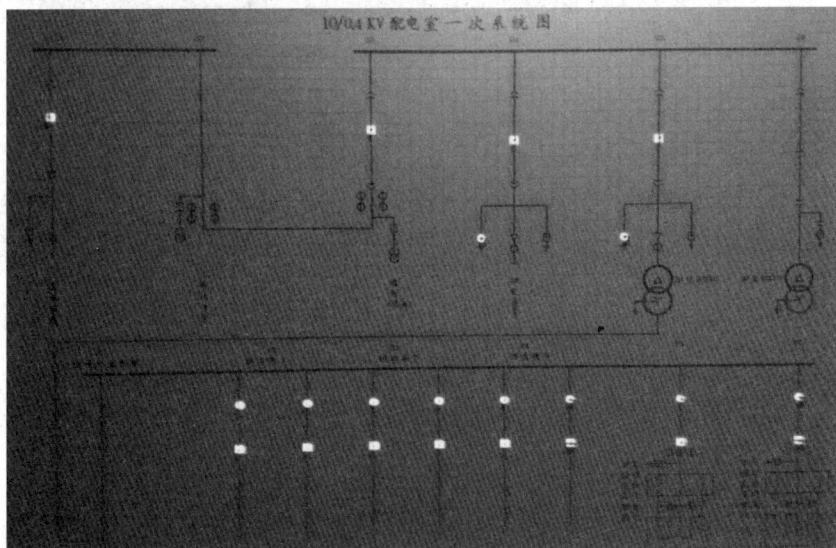

图 3.1-1　高、低压配电室一次系统图

打开巡检仪和视频移动终端对高、低压配电装置、变压器进行巡检打卡，按照巡检流程和内容查看开关柜和变压器运行状态、电量参数是否异常，是否有告警信号。

2. 高压开关柜的巡检方式

（1）高压配电系统中控室集中监视巡检每 2 h 1 次，现场常规巡检每天 1 次，检修性巡检每周 1 次。

（2）高压配电装置应 2 人一起进行现场巡检，单独巡检高压设备的人员应经考试合格后由单位领导批准，现场巡检时通过移动视频终端与中控值班人员交流互通。

（3）巡检高压设备时牢记巡检工作程序和注意事项。人体与带电体的安全距离规定为 10 kV：无遮拦为 0.7 m；有遮拦为 0.35 m。

（4）必须按设备巡检路线巡检，以防设备漏巡，巡检时不得打开遮拦或进行任何工作。

（5）进入高压室巡检时，必须在变电所出入登记簿上登记，离开时，必须将门窗和灯关好。

图 3.1-2 高压开关柜

3. 低压开关柜的巡检方式

（1）变电站低压配电装置在中控室实时监视与控制，每天现场常规巡检 1 次，每周检修性巡检 1 次。现场巡检时通过移动视频终端与中控值班人员交流互通。

（2）对于设备发生事故又恢复送电后，对事故范围内的设备，应进行特殊巡检。

（3）电气设备存在缺陷或过负荷时，应适当增加巡检次数。

（4）重点巡检，根据调度命令或根据设备运行状态进行。

（5）熄灯巡检，每周 1 次，主要检查有无放电现象，接点是否发热，导体有无电晕等。

图 3.1-3　低压开关柜①和变压器柜②

4．变压器的巡检方式

（1）有人值班变电站，应每班至少巡视 1 次；无人值班变电站，应每周至少巡视 1 次，并在每次停运后与投入前进行现场检查。

（2）油浸式变压器巡检时不得进入栅栏内；干式变压器巡检时不得打开柜门。

5．高、低压配电装置的巡检内容

（1）巡检电气设备时，要精力集中，认真仔细。巡检方法为：听——有无异常；闻——有无异味；看——接点有无发热、瓷质有无裂纹、缺陷有无发展。

（2）采用红外线测温仪测试检查重要设备关键部位及导体接头是否发热。

（3）发现电量参数和设备状态异常要及时报告并将异常情况记录于巡检仪中。

（4）设备经过操作后要做重点检查，特别是故障或事故跳闸后的检查。

（5）气候突然变热或变冷时，要检查设备有无变化。

（6）新投入运行或大修投入运行的设备，在 72 h 内应加强巡检，无异常后，可按正常周期进行巡检。

（7）巡检时，进出配电室应随手关门，以防小动物进入。

图 3.1-4   高、低压配电装置巡检

四、注意事项

在以下特殊情况下配电装置应增加如下巡检内容：

（1）雨后应检查电气设备的基础有无下沉、倾斜，电缆沟内是否进水，房屋是否漏雨等。

（2）雷雨后，应检查电气设备绝缘部分有无闪络放电等现象。

（3）降雪时，应检查室外设备上的积雪情况。

（4）降雾时，应检查室外设备上有无严重放电现象。

（5）电气设备发生事故后，应重点检查继电器保护装置的动作情况，并做好记录，对事故范围内的设备应检查导线有无烧伤、断股，绝缘部分有无烧伤、闪络及破碎等。

子任务 3.2　高、低压配电设备状态巡检和安全防护

一、任务概述

按照高、低压配电设备点检内容执行巡检任务，熟记安全距离和防护措施。

二、准备工作

1．实训场地

污水处理厂高、低压配电室。

2．实训设备

（1）高压开关柜；

（2）低压开关柜；

（3）变压器柜。

三、方法步骤

1．高压开关柜巡检

污水处理厂根据用电负荷、数量和配电方式设计多面不同用途的高压开关柜并依次排列。如图 3.2-1 所示是 KYN28-10KV 高压开关柜实物图，高压开关柜按照用途分为进线柜、PT 柜、主变柜、负荷出线柜、母联柜等。巡检时按照巡检线路依次巡检，高压开关柜各部分巡检内容如下：

（1）继电器仪表室 A 巡检：通过继电保护器①查询本柜电流、电压、功率、用电量等电量参数和继电保护状态；通过指针式仪表②查看电流、电压、功率等指示是否正常；观察带电指示器③、分合闸指示灯④、分合闸按钮⑤、转换开关⑥是否正常。

（2）断路器手车室 B 巡检：通过本开关柜的一次主接线图⑦了解本开关柜用途；通过观察窗⑧观察断路器手车分合状态。

（3）电缆室 C 巡检：通过观察窗⑨观察电缆状况，可用红外测温仪检测接线端子温度情况。

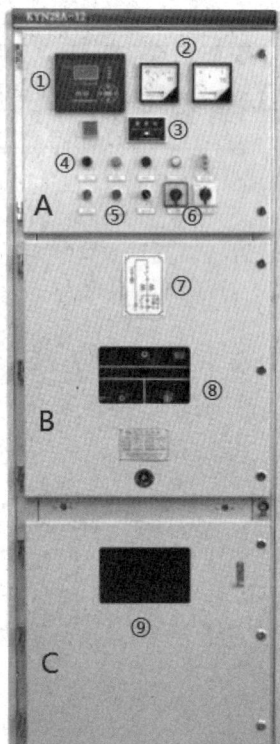

图 3.2-1　高压开关柜正面

2. 低压开关柜巡检

图 3.2-2 是 GCK-400V 低压开关柜实物图，低压开关柜按照用途分为进线柜、各类负荷出线柜（抽屉柜）、无功补偿柜等类型，巡检时按照巡检线路依次巡检，低压开关柜巡检内容如下：

（1）进线柜 A 巡检：进线柜电流指示是否正常；工作电压是否正常，检查三相电压是否平衡；开关柜有无故障指示、报警；断路器有无异常声响。

（2）抽屉柜 B 巡检：各类负荷电流指示是否正常；有无故障指示、报警；接触器有无异响。

（3）无功补偿柜 C 巡检：无功补偿装置运行是否正常，功率因数是否高于 0.9。

（4）各配电装置和低压电器内部有无异声、异味。

（5）开关柜柜面是否整洁，无灰尘。

（6）室内通风状况是否良好，室温是否超过 40℃。

（7）检查配电间照明、通风设施是否完好；接地装置是否良好。

（8）雨天检查室外配电箱是否渗漏雨水，室内缆线沟是否进水，房屋是否漏雨。

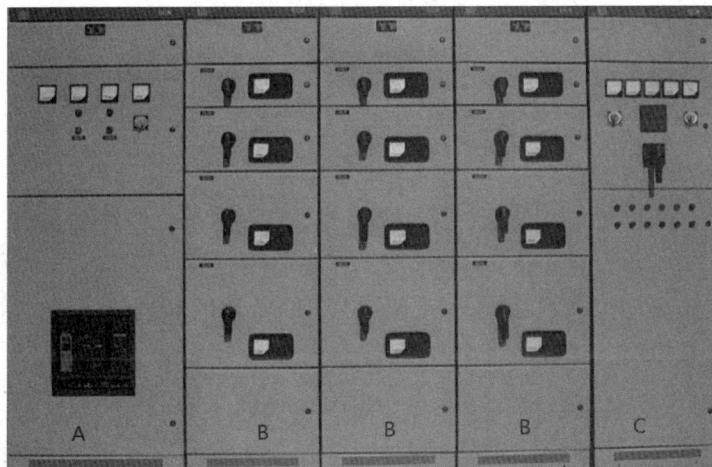

图 3.2-2　GCK-400V 低压开关柜

3. 变压器巡检

　　污水处理厂一般采用 10 kV 干式变压器柜，干式变压器结构如图 3.2-3 所示，温控器④安装于柜面上，便于监视变压器温度，控制冷却风机③运行。通过变压器柜观察窗对变压器进行巡检，巡检内容如下：

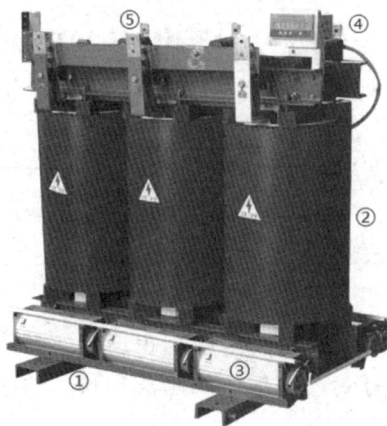

①基架；②绕组；③冷却风机；④温控器；⑤引出母排

图 3.2-3　干式变压器结构

　　（1）外观检查。干式变压器柜外观整洁，柜门闭锁良好，温控器指示正常，冷却风扇运行平稳。

　　（2）变压器运行电压检查，不应高于该运行分接额定电压的 105%。对于特殊的使用情况，允许在不超过 110%的额定电压下运行。

（3）变压器三相负荷不平衡时，应监视最大一相的电流。中性线电流的允许值分别为额定电流的 25%和 40%，或按制造厂规定。

（4）干式变压器绕组温度应正常，冷却风扇能够按照设定温度自动开停。

（5）变压器声响正常。

（6）变压器继电保护器无报警信号。

（7）用手电筒通过瞭望窗观察变压器，干式变压器的环氧树脂层应完好无龟裂、破损，外部表面应无积污。

四、注意事项

巡检高、低压开关设备时，应严格遵守《电气安全技术规程》，做好安全防护。

（1）高、低压开关设备巡检人员应配备巡检仪、视频终端、安全帽、绝缘手套、绝缘靴，以及必要的红外线测温仪、试电笔等工器具。

（2）巡检时不要随意触动高、低压控制开关、按钮；不要随意打开柜门。

（3）高压巡检人员若有必要移开遮栏时，必须有监护人在场，安全距离应符合表 3.2-1 中的要求。

表 3.2-1　设备不停电时的安全距离

电压等级/kV	安全距离/m
3～10	0.70
35	1.00
110	1.50

（4）低压开关柜需要打开柜门巡检时，巡检人员须佩戴绝缘手套，并不得触碰带电导体；观察电气元器件情况时人体各部位须距离母排、导线、开关器件等带电体 20 cm 以上。

子任务 3.3 电气开关设备巡检异常处理

一、任务概述

能识别电气开关设备异响、过热、告警等异常并进行相应处理。

二、准备工作

1．实训场地

污水处理厂高、低压配电室。

2．实训设备

（1）高压开关柜；

（2）低压开关柜；

（3）变压器柜。

三、方法步骤

1．高压开关柜常见巡检异常及处理

巡检异常	处理方法
1．高压开关柜有故障报警指示	立即上报中控值班人员和维修电工处理
2．进线功率因数低于 0.9	检查无功补偿柜是否投入运行，检查自动补偿控制器是否在自动状态，将上述情况上报中控值班人员和维修电工；按照指令进行操作
3．PT 柜电压指示异常	检查三相电压不平衡度，立即上报中控值班人员和维修电工处理
4．开关柜电流指示异常	立即上报中控值班人员和维修电工
5．高压柜内有异响、异味	立即上报维修电工处理
6．直流屏显示故障、控制母线电压低于198 V	检查整流器充电是否正常，充电电压、电流、控制母线电压、电池状态是否正常，立即上报维修电工处理
7．检查墙上隔离开关有发热现象，绝缘子灰尘过多	立即上报维修电工处理

2. 低压开关柜常见巡检异常及处理

巡检异常	处理方法
1. 开关柜有故障报警指示	立即上报中控值班人员和维修电工处理
2. 无功补偿柜功率因数低于 0.9	检查无功补偿柜电源开关是否在合闸状态，检查自动补偿控制器是否在自动状态，将上述情况上报中控值班人员和维修电工；按照指令进行操作
3. 检查三相电压不平衡	立即上报中控值班人员和维修电工
4. 开关柜电流指示异常	立即上报中控值班人员和维修电工
5. 开关柜状态指示灯不亮	通知维修电工更换指示灯
6. 室内温度超过 40℃	开启通风扇强制通风
7. 空气开关、启动器、接触器噪声过大	通知维修电工处理
8. 用红外测温仪检测电路中连接点有过热现象，低压绝缘子有损伤及放电痕迹	立即通知维修电工处理
9. 各配电装置和低压电器内部有异味	立即通知维修电工，按照指令处理

3. 变压器柜常见巡检异常及处理

巡检异常	处理方法
1. 变压器柜有故障指示或报警	立即通知维修电工处理
2. 变压器声响异常	立即通知维修电工，按照指令处理
3. 变压器有异味	立即通知维修电工，按照指令处理
4. 变压器温控器温度显示高于或低于限值，但冷却风机不启动或不停止	检查温控器是否在自动控制状态，立即通知维修电工，按照指令处理
5. 红外测温仪检测接线端有过热现象	立即通知维修电工处理

四、注意事项

（1）巡检人员未经专业电气培训和操作授权，巡检时不得随意触动高、低压控制开关、按钮；不要随意打开柜门检查。

（2）非电气专业巡检人员发现电气设备发出异味、闪络等严重故障时，立即通知维修电工，远离现场，防止人身伤害。

（3）巡检人员发现异常立即拍照上传中控值班人员和维修电工，便于判断异常情况。

子任务 3.4　电气开关设备的现场操作和巡检维保

一、任务概述

通过电气开关设备巡检异常处理流程，掌握现场开关设备操作、运行参数调节和巡检维保技能。

二、准备工作

1．实训场地

污水处理厂高、低压配电室。

2．实训设备

（1）高压开关柜；

（2）低压开关柜；

（3）变压器柜。

三、方法步骤

本任务以高、低压电气设备日常巡检流程为例，说明巡检步骤、巡检内容、巡检异常处理、巡检维保的基本工作流程和要求。

1．巡检准备

（1）新增巡检任务并发布到巡检仪上。打开区控中心运营管理平台"巡检管理"→"巡检配置"→"设备巡检配置"界面，新增"高、低压开关柜巡检"任务→"启用"发布。

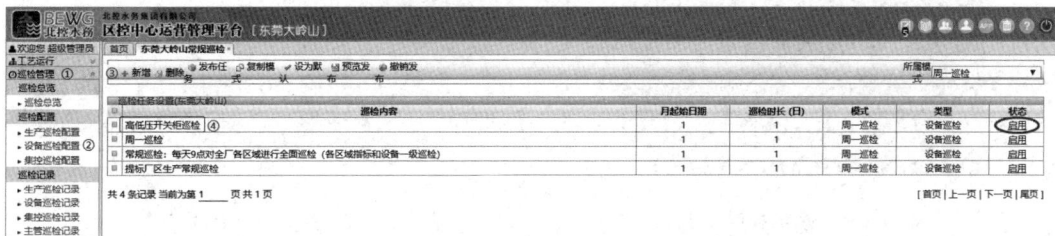

图 3.4-1　区控中心巡检任务配置及发布

（2）按照子任务 3.1 准备好巡检工具，穿戴好巡检装备；熟记巡检注意事项。

2. 巡检步骤及内容

（1）巡检人员到达巡检点，使用巡检仪扫描开关柜二维码或 NFC 卡；巡检仪上显示该台设备基本信息和运行参数。

（2）按照子任务 3.2 巡检内容，对高压开关柜、变压器、低压开关柜进行巡检。

3. 巡检异常处理

（1）异常或故障上报。如果巡检人员在开关柜巡检过程中发现异常或故障，则按照子任务 3.3 处理，上报中控值班人员或维修人员；巡检仪故障上报界面如图 3.4-2 所示。

（2）信息确认。中控值班人员将异常/故障通知单发给设备主管，设备主管对信息进行确认判断，下达设备维修工单给设备维修人员；接单人通过手持端查看待检修设备的故障信息。

（3）故障检修。设备维修人员对异常/故障进行处理；检修完成后通过手持端填写检修记录。

（4）确认反馈。检修记录提交运行部门和设备部门验收。运营管理平台和巡检仪的故障处理界面可分别查看本人和其他人上报的故障，以及故障的当前处理情况。

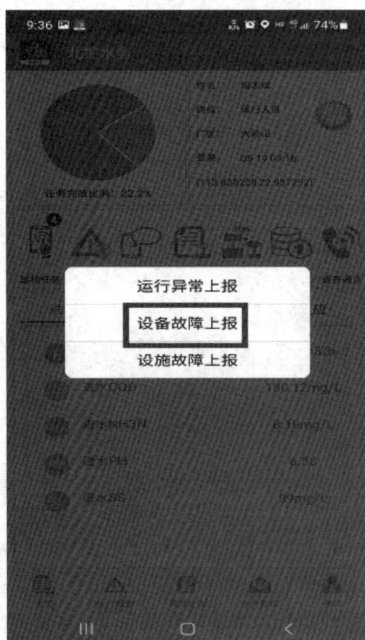

图 3.4-2　设备故障上报

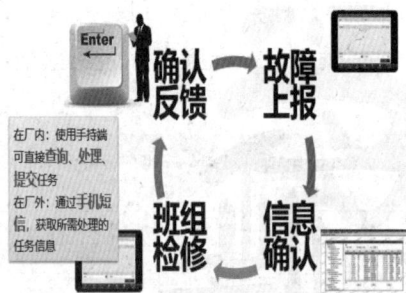

图 3.4-3　设备故障处理流程

4．巡检维保

根据巡检技术规程，巡检人员在设备巡检过程中，发现异常/故障能够自行处理的维修保养工作可列入巡检维修保养内容，如设备表面清洁、照明灯更换、百叶窗破损等；巡检维修保养工作完成情况可通过巡检仪拍照记录并上传平台，由设备维修保养部门核算工作量。

四、注意事项

（1）巡检人员提报设备异常信息须完整准确，通过拍照视频将信息反映给维修人员，提高故障处理效率，避免判断错误。

（2）巡检维修保养内容须逐步完善，不断提高巡检人员维修保养技能。

任务小结

通过本任务学习，掌握了高、低压配电系统巡检方式和注意事项，熟悉了高、低压开关柜、变压器柜的巡检内容和巡检异常的处理方法，掌握了高、低压开关柜巡检异常的处理流程和巡检维保操作。

任务练习

（1）高压开关柜的巡检方式有几种？巡检周期各是多少？

（2）无功补偿柜的巡检内容是什么？

（3）干式变压器的温控器用途是什么？

（4）巡检开关柜有报警指示时应如何处理？

（5）简述巡检异常处理的工作流程。

扫码提问
AI技能培训助手
▎运行操作准备
▎水处理工艺
▎水质指标监测